面向云平台的物联网
多源异构信息融合方法

张娜 柳运昌 著

清华大学出版社
北京

内 容 简 介

本书内容包括：在云计算环境下，基础环境的构建以及服务的部署，并主要研究基于 Openstack Mitaka 的公有云的搭建方案；综合研究和分析异构数据源查询、集成及融合技术，在此基础上，提出基于本体的多源异构信息融合体系结构，给出面向云计算平台的多源异构信息集成及数据融合架构；介绍物联网多源异构数据融合原型系统的总体设计、功能模块、设计与实现、性能测试，重点介绍相关环境部署与执行、属性映射及数据融合等组件的具体实现细节。

本书封面贴有清华大学出版社防伪标签，无标签者不得销售。
版权所有，侵权必究。举报：010-62782989，beiqinquan@tup.tsinghua.edu.cn。

图书在版编目(CIP)数据

面向云平台的物联网多源异构信息融合方法/张娜，柳运昌著.—北京：清华大学出版社，2019(2020.10重印)
ISBN 978-7-302-52988-0

Ⅰ.①面… Ⅱ.①张… ②柳… Ⅲ.①互联网络－应用－信息融合－研究 ②智能技术－应用－信息融合－研究 Ⅳ.①TP393.4 ②TP18

中国版本图书馆 CIP 数据核字(2019)第 093909 号

责任编辑：贾　斌
封面设计：何凤霞
责任校对：徐俊伟
责任印制：丛怀宇

出版发行：清华大学出版社
　　　　网　　址：http://www.tup.com.cn, http://www.wqbook.com
　　　　地　　址：北京清华大学学研大厦 A 座　邮　编：100084
　　　　社 总 机：010-62770175　　　　　邮　购：010-83470235
　　　　投稿与读者服务：010-62776969, c-service@tup.tsinghua.edu.cn
　　　　质量反馈：010-62772015, zhiliang@tup.tsinghua.edu.cn
　　　　课件下载：http://www.tup.com.cn, 010-83470236
印 装 者：北京九州迅驰传媒文化有限公司
经　　销：全国新华书店
开　　本：170mm×230mm　　印　张：14　　字　数：243 千字
版　　次：2019 年 9 月第 1 版　　　　　印　次：2020 年 10 月第 4 次印刷
印　　数：1501～1800
定　　价：69.00 元

产品编号：079357-01

前言

多源异构数据资源的集成和融合为管理决策提供更加完整和可靠的数据服务,是当前及未来深化信息系统建设的重要课题和研究方向。从各种分布、异构数据源中抽取数据,并进行数据变换、合并和融合,是数据集成和数据融合的一项最基本的任务。

无论是数据集成中的大数据处理,还是知识库中知识的管理,都需要以高效的计算能力为基础。云计算作为一个新型的面向服务的计算模式,具有资源高扩展、强大的计算和存储能力等特点。云计算平台可将资源虚拟化,并进行有效且动态的资源划分以及分配。正是由于它快速灵活的特性,使得企业在信息化过程中的成本大大降低。为此,本文基于云计算的 IaaS、PaaS 以及 SaaS 的三层基础框架的思想来构建和部署信息融合系统。

物联网作为未来互联网的一个重要组成部分,它的任务是实现万事万物的广泛互联和感知,即普适性。由于普适性特征,使得物联网数据具有以下特点:①海量性。由于物联网是以时间为特征的数据流的方式传递手机数据信息,随着时间的推移,数据流以指数形式增长。②异构性。由于物联网多种类型感知设备的互联与信息交换,使得物联网内大量异构数据存在。③实时性。由于物联网是以时间为特征对客观事物及其变化进行观测,对数据有时间维度要求。④分布式。物联网中,各级感知设备对其相应的数据中心进行数据存储和维护管理。

信息融合是实现完整的、准确的、实时的和有效的综合信息处理的策略和方法。面向云平台的物联网多源异构信息融合是一个包含理论、方法和算法的完整框架,对多感知设备和相关知识信息进行合并与挖掘,综合分析与推理抽象,从而能够得到更高质量的信息。信息融合研究集中在信息融合体系结构和数据集成融合算法上。信息融合体系结构是针对数据信息特点从整体上定制数据信息融合的流程,具有全局指导作用。数据集成融合算法是在保证一定数据质量的情况下,基于数据模型对数据的化简、融合、推理和计算。

本书在以下三个方面开展相关研究:

(1) 研究了在云计算环境下,基础环境的构建以及服务的部署;主要研究基于 Openstack Mitaka 的公有云的搭建方案。所搭建的公有云是基于实验虚拟出的一种公有云形式。真正的公有云是在互联网环境下,用户不需要任何软件,直接通过网络、Web 浏览器获取的一种服务。

(2) 对异构数据源查询、集成及融合技术进行了综合研究和分析,在此基础上,提出了基于本体的多源异构信息融合体系结构,给出了面向云计算平台的多源异构信息集成及数据融合架构。该架构是对适应云平台特点的信息融合过程的全局性的诠释,具有重要的指导作用。把多源信息融合整体架构分为四个阶段:采集原始数据、数据抽象、数据集成与融合、特征抽象。详细阐述了各个阶段的流程及所起到的作用。

(3) 研究基于 MapReduce 数据集成及数据融合总体架构,对架构中的主要几个模块做了重点分析。针对元数据信息存在的异构性问题提出了异构冲突解决方法,并将该方法运用到建立虚拟数据库的过程中,定义了用户统一信息查询的元数据信息虚拟数据库及面向虚拟数据库的相似结构化查询语言;分析了系统架构中解析器视图分析及任务分配过程;分析了执行器模块 MapReduce 执行过程、管理过程及连接过程。最后实现了数据采集及数据融合架构的原型系统,并对部分实现的系统结构进行了测试。实验结果表明,该架构模型能够在较短的时间内处理多数据源海量数据,为用户请求提供完整信息。

本专著由以下项目资助:

(1) 物联网多源异构信息融合关键技术研究(河南省科技厅项目,项目编号:172102210105)。

(2) 云环境下面向大数据分析应用的任务调度技术研究(河南省科技厅项目,项目编号:182102210224)。

(3) 面向物联网的无线传感器网络关键技术研究(河南省教育厅项目,项目编号:17A520024)。

(4) 基于城乡规划大数据的多规融合技术研究(河南省教育厅项目,项目编号:18B520007)。

(5) 建筑信息云服务平台下的大数据智能处理研究(平顶山市科技局项目,项目编号:2017009(9.4))。

目录

第 1 章 绪论 ··· 1
  1.1 研究背景 ··· 1
    1.1.1 云计算平台 ·· 1
    1.1.2 多源数据集成 ·· 2
  1.2 研究意义 ··· 3
  1.3 国内外研究现状 ··· 4
  1.4 研究内容 ··· 6
  1.5 结构安排 ··· 7
  1.6 本章小结 ··· 8

第 2 章 基于 OpenStack 的云平台部署 ························· 9
  2.1 云平台的模式 ·· 9
  2.2 OpenStack 概述 ··· 10
    2.2.1 OpenStack 简介 ·· 10
    2.2.2 主流开源云计算介绍 ····································· 10
    2.2.3 OpenStack 七大核心组件 ······························ 11
  2.3 OpenStack 部署 ··· 13
    2.3.1 虚拟机的创建与配置 ····································· 13
    2.3.2 安装步骤 ··· 16
    2.3.3 环境配置 ··· 16
    2.3.4 身份认证模块的安装与配置 ··························· 21

2.3.5　镜像服务模块的安装与配置 …………………………… 28
　　　2.3.6　计算服务安装与配置 ………………………………… 30
　　　2.3.7　Networking 服务安装与配置 ………………………… 33
　　　2.3.8　Dashboard 安装与配置 ………………………………… 37
　2.4　实例创建与启动 …………………………………………………… 40
　　　2.4.1　创建虚拟网络 …………………………………………… 40
　　　2.4.2　实例的创建与启动 ……………………………………… 41
　2.5　错误及解决方案 …………………………………………………… 44
　　　2.5.1　问题归类 ………………………………………………… 44
　　　2.5.2　解决方案 ………………………………………………… 45
　2.6　本章小结 …………………………………………………………… 46

第 3 章　基于本体的多源异构信息融合体系结构研究 …………………… 47

　3.1　数据采集及数据融合 ……………………………………………… 47
　　　3.1.1　数据集成的主要方法及研究现状 ……………………… 48
　　　3.1.2　信息融合的基本理论 …………………………………… 54
　3.2　语义 Web 技术 ……………………………………………………… 59
　　　3.2.1　语义 Web 体系结构 ……………………………………… 59
　　　3.2.2　本体 ……………………………………………………… 61
　　　3.2.3　本体描述语言 …………………………………………… 63
　　　3.2.4　"语义"角度下的物联网 ………………………………… 69
　　　3.2.5　知识融合 ………………………………………………… 70
　3.3　物联网多源异构信息融合体系结构 ……………………………… 73
　　　3.3.1　物联网信息融合的新需求 ……………………………… 73
　　　3.3.2　多源异构信息融合体系结构 …………………………… 74
　3.4　系统架构 …………………………………………………………… 79
　3.5　基于本体的数据融合算法 ………………………………………… 80
　　　3.5.1　相关定义 ………………………………………………… 80
　　　3.5.2　融合算法 ………………………………………………… 81
　3.6　本章小结 …………………………………………………………… 84

第 4 章　物联网多源异构数据融合原型系统的实现 …………………… 85

　4.1　背景介绍 …………………………………………………………… 85

4.2 物联网多源异构数据融合系统总体设计 ………………… 86
　　4.2.1 物联网多源异构数据融合系统设计思想 ………… 86
　　4.2.2 物联网多源异构数据融合系统架构 ……………… 96
　　4.2.3 物联网多源异构数据融合系统功能模块 ………… 97
　　4.2.4 物联网多源异构数据融合系统环境部署 ………… 97
4.3 物联网多源异构数据融合系统具体实现与功能测试 …… 101
　　4.3.1 Hadoop 部署和功能测试 ………………………… 102
　　4.3.2 数据源与数据映射测试 …………………………… 105
　　4.3.3 数据融合功能测试 ………………………………… 107
4.4 物联网多源异构数据融合系统性能测试 ………………… 110
4.5 重要的源程序 ………………………………………………… 111
　　4.5.1 Json 文件的生成 …………………………………… 111
　　4.5.2 数据属性映射 ……………………………………… 114
　　4.5.3 数据连接的 MapReduce 编码 …………………… 115
　　4.5.4 虚拟数据库代码 …………………………………… 119
4.6 本章小结 ……………………………………………………… 123

第 5 章　多源异构信息融合系统软件简介　124

5.1 软件简介 ……………………………………………………… 124
　　5.1.1 软件特点 …………………………………………… 124
　　5.1.2 软件功能 …………………………………………… 125
5.2 安装 …………………………………………………………… 125
5.3 功能操作 ……………………………………………………… 127
　　5.3.1 程序界面介绍 ……………………………………… 127
　　5.3.2 实时监测 …………………………………………… 130
　　5.3.3 传感器管理 ………………………………………… 131
　　5.3.4 数据分析 …………………………………………… 134
5.4 本章小结 ……………………………………………………… 135

附录　136

参考文献　209

第 1 章

绪　　论

1.1　研究背景

随着网络数据的急剧增加,越来越多的商业和科学应用增加了对分布式资源的访问,先后出现了集群计算、网络计算以及云计算。越来越多的海量信息处理在分布式计算中解决。面向云计算平台的多源异构信息融合系统便是在云计算和信息融合快速发展的前提下提出的,以下从云计算平台和信息融合两方面来阐述研究背景。

1.1.1　云计算平台

云计算[1]平台作为一个新型的计算平台,它集中了分布式计算、网格计算、效用计算的特点,通过互联网将大规模计算和存储资源整合起来,按需提供给用户,是为了迎合未来数据的不断增长的需求而诞生的技术。云计算的定义是利用互联网来获取计算资源。它是一种大幅度提高信息处理能力的一种方式或机制,云计算的术语来自这样一段话:数据不是存储在您的桌面或设备中,而是位于那仿佛是天空中云一样的地方,尽管它离你遥不可及但你却可以访问它,无论你在哪里都可以使用计算机通过互联网来获取它。云计算是改变整个 IT 行业的技术,它可以减少硬件的成本,可以避免造成硬件方面的浪费。对于那些使用云计算的人来说,这是一种随需应变的实用计算形式。云计算通过集成不同种类的数据,其计算存储等来实现多层次虚拟化和抽象化。虚拟化本身可以通过封装成为管理程序或虚拟机监视器的软件层实现。事实上,它通过"付费使用"的概念,将最昂贵的软件带到普通人的手中,发挥了极其重要的作用。对于处理大量数据问题的组织有所帮助以及降低其运营成本,这是一个好的现象。但是,这种现象并不是完美的——云在安全性和隐私性等方面存在某些缺点。事实上,云计算已被评为 Gartner 最具破坏性技术的第四名。资源可用性是任何云计算应用程序的关键,"付费使用"是其回报。

总之,云计算具有如下特点:

(1)超大规模。云具有相当的规模,不管是 Google、Amazon 等大型公司拥有的大数据量的计算机,还是云计算的提出理念,云都是与大规模的物理计算节点为基础的。

(2)虚拟化。云计算支持用户在任何地方、使用多种终端获取应用服务。所请求的资源来自于云,不是固定的实体。应用也是在云中运行的,这对用户来说是完全透明的。

(3)高扩展性。云的规模可以动态伸缩,以满足不用应用和用户规模增加的需要。

(4)按需服务。云是一个规模庞大的资源池,用户根据需要购买,并按照所购买的服务付费。

(5)廉价。由于云的特殊容错措施可以采用廉价的节点来构成云,同时云的集中式管理使得大量企业无需负担日益高昂的数据中心管理成本,而且云的通用性使得资源的利用率大幅提升,因此云是廉价的。

1.1.2 多源数据集成

云计算环境下,针对各种不同的应用产生了各种各样的数据源,如结构化的关系数据库和面向对象的数据源、半结构化的 HTML(Hypertext Markup Language,超文本标记语言)、无结构文本、文档数据源及多媒体数据等。这些数据源结构不同,语义各异,它们之间可能存在着各种差异和冲突。从数据库的应用角度来看,网络上的每一个站点也是一个数据源,每一个站点的信息不同并且组织方式不一样,它们都是异构的,因此构成了异构数据的大环境。从数据采集的角度来看,各种传感网感知的数据格式没有统一的标准,导致采集的数据结构不同,语义不同,存在异构性,在多集成环境下给多应用系统之间数据的采集、转换和统一处理带来了很多问题和挑战。

多源异构采集及融合系统的目标是解决这些冲突并把这些异构数据源最终转化为一种统一的全局数据模式,以供用户的透明访问和使用,用户在对数据源进行访问时,仿佛在操作一个数据源[2]。因此,本节要做的工作是不仅要为感知的数据定义统一的数据表示格式,还要为标准的数据格式提出统一的数据生成及解析方法,具体分为两个阶段:数据集成和数据融合。数据集成侧重于数据的聚集,是数据处理的初级阶段,是对不同数据源数据的集合。数据融合是数据集成的高级阶段,着重于对不同数据源中不一致的数据进行分析处理,融合成统一的知识题,侧重于通过数据优化组合导出更多有效的信息。

总之,随着信息化进程的发展,人们需要对数据进行有效集成并对有效数据进行数据挖掘。大规模的数据流甚至是海量数据的处理均需要大量的计算能力。目前,海量数据集成存在以下问题[3]。

(1) 封闭性。大部分的企业信息化都是部门内部使用,都是以封闭的状态存在,缺乏对外开放的接口。

(2) 信息"孤岛"。由于企业信息化以部门为单位,这样各个部门之间的数据不能得到很好的共享,因此形成了一个个彼此分离的信息孤岛。

(3) 缺乏规范和标准。企业信息的完成没有固定的标准,从而造成了数据融合和分析的难度。

(4) 海量大规模。数据的急剧增加,使得现有的数据管理平台无法支持大数据的有效管理和存储,因此数据处理必然需要分布计算的帮助。

1.2 研究意义

云计算是将计算资源的交付作为服务的最新术语。它是当前的效用计算的迭代,并返回到"出租"资源的模型。云计算现在已经被收录入行业词典。当今互联网上的云计算,实际上是部署在互联网上成规模的分布式系统,而互联网上的大部分云服务都是由一小部分云提供商所提供的。因此,云计算的发展是下一代互联网发展的内在本质。

目前存在的集成异构数据的方法有:联邦数据集成系统、数据仓库集成系统、中间件模式数据集成等,这几种方式存在着各自的优缺点,同时为了能让数据集成更加透明、开放,还集成了 XML、Web Service 等技术。随着知识管理概念的提出,它将数据、信息、知识、智慧进行了分析和对比,从而识别组织中的知识资产,并充分发挥知识资产的杠杆作用,帮助企业获得竞争优势。为此,本书在已有数据集成方式的基础上,加上了知识库的概念,将业务逻辑从复杂的数据中抽象出来,更有利于用户的使用和信息的管理。

无论是知识管理还是业务集成,都需要从大量、复杂、异构以及有噪声的数据中抽取有用的信息,这需要巨大的计算能力作为支撑,而传统的单机服务器所能提供的计算资源不能满足要求,需要借助分布式计算技术来实现。云计算作为分布式计算平台,它将硬件服务化,软件服务化,由此出现了不同的云计算服务用户,形成了新型的软件开发生态圈。云计算平台不仅是商业界认可的高性能计算平台,而且是面向服务的计算平台,它使得中小型企业能快速进行系统的开发和部署,高效地完成软件实现。因此,本书以多源异构信息融合系统为研究对象,讨论面向云计算平台的数据集成、存储和融合,以及服务的构建和系统的部署等问题。

1.3 国内外研究现状

根据相关数据显示,目前的云存储数据信息已占据世界上约 20% 的数据资源,能够把抽象数据有效地提供给客户。云计算被正式提出以来,其发展的前景,在全球范围内一直处于良好状态,为国际经济发展间接提供了 1.2 万亿美元的注资。世界上的云处理器规模继续增长,计算模式继续改善。云计算将是世界上一个重要的发展项目。云的安全性和透明度为更多的企业和个人提供更好的服务,满足世界上的大多数人当前需求的服务,有利于世界经济的稳定发展。

在云计算排名初期,中国科学家利用互联网的透明资源储备技术在许多方面得以应用。随着科学技术的不断进步,云计算的应用越来越频繁,为政府建设基于云计算的经济社会保障提供了软环境,建立了专门部门和国家科学研究部门,直接负责云计算和发展活动的发展。据有效数据显示,2011 年我国为云计算的投资金额已超过 2.86 亿美元,并直接推动了我国云计算的快速发展。通过以上数据可以看出,云计算为人们的生活和工作提供了一种更便捷有效的方式,符合我国经济高速发展的时代。

目前,已经出现了一些多源异构的数据集成方法。早在20世纪70年代中期,就有解决多数据库集成问题的方法,那时主要是采用全局模式的集成方法。此后 Mcleod 等人提出了联邦数据库系统的概念,但由于缺乏必要的标准,联邦数据库只能在一定的限制条件下实现[4-5]。此外,G. Wiederhold 最早提出了基于中介器/包装器的集成方法构架,这种构架能够同时集成结构化数据源和非结构化或半结构化的数据源[6]。除了上述的方法,比较典型的还有数据仓库。该方法是把各个数据源复制到同一处,这样用户可以访问数据仓库,如同访问一般数据库一样。但由于数据仓库系统昂贵的投资费用、项目实施周期长、项目成功率低等原因制约了数据仓库在中小型企业或数据积累少的企业解决异构数据源整合和集成需求的应用[7]。

面向云计算平台中存在各种异构的信息系统,数据集成和数据融合的研究就是针对分布在异构数据源中的数据进行抽取、转换、集成和融合,建立一个稳定的数据处理环节,为用户提供统一信息存取接口[8]。异构数据源之间的数据转换方式主要有:

(1) 对于数据采集时存在的数据格式标准不同的情况,可以定义统一格式进行异构数据源数据的集成。XML 是现在比较流行的半结构化语言。1998 年 W3C(World Wide Web Consortium,万维网联盟)创建 XML 后,因为它解决了在不同系统中转换和表示数据的问题,所以广受欢迎[9]。

(2) 使用数据库中间件解决数据库存在的异构性。数据库中间件是介于访问客户端与服务器之间的中介结构,通过合理构建,能够完成异构数据源的相互转换,可以通过 SQL 请求将得到的数据转换为 XML 文件,再将 XML 文件的数据文件转换成 SQL 语言文件[10],将数据导入数据库的方式解决,或者使用数据库系统中自带的转换工具,但由于其都是针对各个数据库紧密耦合的软件,通用性不高。

(3) 虚拟数据库方式。该方式将包含在各个数据源中的信息描述成一个全局的视图。当用户提出一种请求语言来访问系统并对全局视图进行操作时,请求解析器负责将该请求语言解析成对应各本地数据库源的子请求,并将这些子请求转换成本地数据源能够执行的格式,在对应的数据源中执行请求,最后融合子请求结果并处理请求结果中可能出现的冲突和不一致性,将结果转换成用户需求的格式并传输给用户。

(4) 物化视图方法。物化视图是缓存的结果集,它被存储为具体表,对查询能够做出更快的响应,因为它们不要求每次都用资源动态构建视图[11],在信息集成查询系统中,它们将对应请求的查询视图计算后直接物理存储,以空间换取时间,大大缩短了查询时间。

近年来,数据集成及数据融合在许多商业应用及科学研究中都变得非常重要。其集成了网络上多数据库及异构数据源,为用户提供异构数据源的统一查询视图,对数据集成的方案在电子商务中基于 XML 的数据库中间件异构数据库数据转换方法[12],实现了由关系数据到 XML 数据的转换和集成。主要从事该课题研究的国防科技大学及中国科学技术大学近年来不断涌现出针对该课题的新成果,前几年集中于多种分布式数据库及元数据的研究,近几年集中于异构数据源的基础,提出了物化视图查询及整合技术,基于元数据的分布式数据集成,数据仓库中的物化视图,基于本体异构数据源集成,多知识融合异构数据源集成[13-15]等方法。这些方法都是针对数据源存在的异构问题,并没有结合云计算平台下分布式数据的特征。

总之,该课题研究已经成为信息融合部分的研究热点,国内外相关技术层出不穷,但还未形成一个处理云计算平台的数据信息的统一平台,我们要在结合国内外先进技术方案的基础上,进行创新,实现一种适合云计算平台的异构数据集成及数据融合方案,从而建立一个稳定的信息处理环节,同时方便云计算平台更多业务应用的扩展。

1.4 研究内容

本书主要研究面向云计算平台的多源异构信息融合方法,提出以本体知识库为指导,并结合数据仓库方式的多源异构信息融合系统,其主要工作有以下几点:

(1)研究云计算环境下服务平台构建和服务部署,并分析讨论在分布式环境下数据的执行效率和瓶颈。本书主要研究基于 OpenStack Mitaka 的公有云的搭建方案。所搭建的公有云是基于实验虚拟出的一种公有云形式。真正的公有云是在互联网环境下,用户不需要任何软件,直接通过网络、Web 浏览器获取的一种服务。

(2)对异构数据源查询、集成及融合技术进行了综合研究和分析,在此基础上,提出了面向云计算平台的多源异构信息集成及**数据融合架构**。该架构是对适应云平台特点的信息融合过程的全局性的诠释,具有重要的指导作用。把多源信息融合整体架构分为四个阶段:采集原始数据、数据抽象、数据集成与融合、特征抽象。本书详细阐述了各个阶段的流程及所起到的作用。

(3) 研究基于 MapReduce 数据集成及数据融合总体架构,对架构中的几个主要模块做了重点分析,书中针对元数据信息存在的异构性问题提出了异构冲突解决方法,并将该方法运用到建立虚拟数据库的过程中,定义了用户统一信息查询的元数据信息虚拟数据库及面向虚拟数据库的相似结构化查询语言;分析了系统架构中解析器视图分析及任务分配过程;分析了执行器模块 MapReduce 执行过程、管理过程及连接过程。

(4) 实现了数据采集及数据融合架构的原型系统,并对部分实现的系统结构进行了测试。实验结果表明,该架构模型能够在较短的时间内处理多数据源海量数据,为用户请求提供完整信息。

1.5 结构安排

本书共分为 7 章,各章的主要内容如下:

第 1 章:绪论。首先介绍了本课题的背景、研究意义、国内外研究现状和本书的主要研究内容以及各章节的主要内容安排。

第 2 章:主要介绍了云计算平台的相关技术和企业应用,详细介绍了云、云计算、云计算用户和它的体系结构,目前被认可的几个云计算平台,以及云计算环境下服务平台构建和服务部署。

第 3 章:相关背景知识介绍,介绍了数据集成的基本方法和相关技术,并对后面涉及的技术进行了概述,包括云计算技术,数据集成和数据融合技术,目前流行的数据集成及融合的处理方法,还包括联邦数据库方法、数据仓库方式、中间件集成方式、虚拟数据库技术、MapReduce 和 Hadoop 技术、语义 Web 技术及本体。

第 4 章:提出了一个可完成多源信息集成和异构数据融合的多源异构信息融合体系结构框架,并对框架中各个部分进行了详细的介绍。

第 5 章:详细介绍了多源信息融合系统,包括多源异构信息融合系统的介绍以及系统的设计与开发等,并对总体结构设计的几个模块如何实现各自功能做了重点研究;同时,介绍了虚拟数据库的生成,异构数据源元数据信息各种异构性、不一致性与冲突的识别及其解决方法,并将该方法运用到建立虚拟数据库的过程中。定义了用户统一信息查询的元数据信息虚拟数据库及面向虚拟数据库的相似结构化查询语言。分析了系统架构中解析器模块视图分析及任务分配过程；分析了执行器模型 MapReduce 的执行过程、管理过程及连接过程。

1.6 本章小结

本章主要介绍了本书的研究内容、研究意义和国内外研究现状，以及本书的结构安排。

第2章 基于OpenStack的云平台部署

云计算平台是由 Google 的 CEO 埃里克·施密特在 2006 年提出的。云计算平台主要是一个面向服务的平台,它通过互联网将大规模计算和存储资源整合起来,按需提供给用户。同时,它的新型计算机资源的公共化方式,使得用户从繁重、复杂、易错的计算机资源管理中解放出来,只关注业务逻辑,降低了企业信息化的难度。

2.1 云平台的模式

云计算有四种不同的形式,或有四种不同的部署云模型:私有、公共、社区和混合。

(1) 私有云:私有云是单个组织的云基础设施;私有云可以有组织地进行内部或外部的管理。一个私有云的项目需要大量的虚拟环境来搭建。Sakr 和其他一些人认为,由于私有云与传统服务器的相似之处,因此私有云受到了广泛的反对,而且私有云在前期的时候在金钱方面并没有优势。因此,也只有大型企业采用私有云设施。例如,英特尔、惠普和微软都有自己的内部私有云。

(2) 公共云:服务提供商向公众提供公有云应用、资源、存储等服务。这些云服务提供商是销售云服务的组织者,如亚马逊、微软和谷歌。这些服务可以免费提供,也可以通过支付方式提供。服务提供者提供的服务质量在 SLA（服务级别协议）中提到，这是消费者和云服务提供者之间的协议。SLA 可能包括服务提供者在隐私、安全性和备份程序中提供的服务。然而，缺乏对数据、网络和安全设置的细粒度控制，可能会阻碍其在不同业务环境中的有效性。一些公共云的例子是 Amazon Web Services（AWS）和 Microsoft Azure。

（3）社区云：在社区云中，无论是内部管理还是由第三方管理、内部或外部托管。云基础架构都由具有共同资源需求（安全性、管辖权和政策）的组织共享，他们在分享成本方面略微有利于云计算，因为成本并不是单一组织单独出现，而是由不同组织共享。例如 Google Gov（Google Apps for Government）。

（4）混合云：混合云是两个或更多个云的组合，即它可以是私有和公共或私有和社区云等的组合。通过使用混合云体系结构，组织和个人能够不依赖互联网连接，将容错与本地即时可用性相结合。混合云几乎没有限制，如缺乏内部客户端应用程序的灵活性、安全性和确定性。

2.2　OpenStack 概述

2.2.1　OpenStack 简介

OpenStack 是一个开源基础架构，即服务（IaaS）平台。OpenStack 是一个项目，Rackspace 和 NASA 共同为公共云和私有云的构建和管理提供软件开源项目。它协助服务提供商和企业内部完成类似于 Amazon EC2 和 S3 云基础设施服务，它包括如 Keystone、Glance、Nova、Neutron、Cinder、Swift 等组件，组件的功能将在后续文章详细描述。本书使用了 OpenStack 的第 13 版"Mitaka"，它是迄今为止用于构建公共云和私有云的最流行的开源软件。

2.2.2　主流开源云计算介绍

普通用户对开源的印象好像也就是免费而已，很多时候还怀疑免费的东西到底能不能用，是不是别人留下来的陷阱之类的。但实际上免费只不过是开源的外在表现形式，源代码公开只是终端用户看见的冰山一角。其实公开的不只是源代码那么简单，还有开发日志、测试用例、错误总结、数据分析等。这能极大地节约开发人员的时间和精力——不必做大量机械重复的工作,可以更专注于新功能的开发。很多人认为做这些是没有回报的,是纯粹的奉献。这种理解当然是错误而又片面的。在一个形成良性循环的开源社区里,每一个社区成员,既是奉献者也是获益者。从社区中学到的,其实远大于贡献的。

目前主流的开源云计算软件有 Apache CloudStack、Eucalyptus、OpenNebula、OpenStack,并且都已经形成了各自的开源社区。

尽管 Java 不会继续是主要云程序的核心了,但至少它现在仍然处在这一重要地位上。Apache CloudStack 的核心就是用 Java 编写的。其可以与 VMware、Hyper-V、KVM 和 XenServer/XCP 上的主机共同协作。为了部署和管理虚拟系统,Apache CloudStack 不知不觉间就形成了大型网络。这个网络后来被许多供应商选为部署私有云等解决方案的平台。

当前虽然只在红帽 Linux 和 CentOS 上出现过,但是作为一种完整的基础设施服务解决方案,Eucalyptus 已经受到了界内很多关注。Eucalyptus 是一样功能齐全的商品。Eucalyptus 可以为不同服务提供与语言无关的 API。在 Linux 系统的基础上,用户可以使用基于标准的模块架构,在现有设备的基础上部署私有云。

OpenNebula 号称在数据中心虚拟化的方向上提前迈出了一步。该项目的研究方向是,开发具有自适应能力的虚拟化数据中心。现在正在谋求有志之士的合作,期望获得相应的稳定性和合格的质量。它有自己独有的核心价值优势,包括流程的开放、项目生命周期以及特有的创新。

在所有基础设施服务解决方案中,OpenStack 是横跨多个领域的解决方案。难得的是,这种解决方案并不需要用到指定的硬件设备或软件环境。它完全可以在虚拟的裸机上运行,同时还能支持多种管理虚拟机的程序。尤其当 OpenStack 与 Hadoop 协同运行时,可以从纵横两个方向上扩展,以满足大数据要求。

2.2.3　OpenStack 七大核心组件

它是一个开源的云项目管理平台,由七部分组成,每一个组件都是多个服务的集合,而每一个都是一个运行进程。它们分别是计算、对象存储、认证、用户界面、块存储、网络和镜像服务。各组件的关系如图 2.1 所示。

1. 计算(Compute):Nova

Nova 是云组织的控制器。它提供一个部署云的工具,包括运行实例、

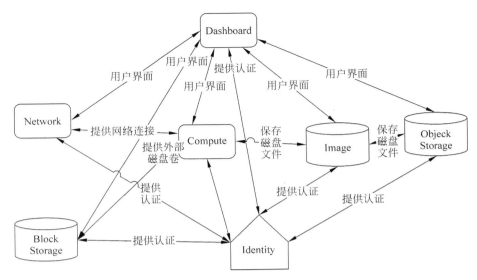

图 2.1 OpenStack 的七大核心组件

管理网络以及控制用户和其他项目对云的访问。它的底层开源项目名称是 Nova，其提供的软件能控制 IaaS 云计算平台，类似于 Amazon EC2 和 Rackspace Cloud Servers。该计算服务是 OpenStack 的核心服务。计算服务通过 Nova-compute 模块提供虚拟机。它还提供了诸如 EC2 兼容性和控制的接口。

2. 对象存储（Object Storage）：Swift

Swift 是一个可扩展的对象存储系统，支持多种应用，如复制和存储数据，图像或视频服务，存储次级静态数据，开发数据存储整合的新应用，存储容量难以估计的数据，为 Web 应用创建基于云的弹性存储。

在 OpenStack 平台中，任何数据都是对象；Swift 代理模块提供诸如 HTTP(S)、OpenStack Object API 和与 S3 兼容的访问接口。访问对象访问 Swift-Proxy 后，还需要通过账户、容器、对象三个模块来定位；这是因为 OpenStack 中的对象被描述为容器中的账户的对象。

3. 镜像服务（Image）：Glance

Glance 的出现缘于虚拟机映像的管理。生成镜像后，需要将映像注册到系统的数据库中；实例化虚拟机时，需要将映像发送到具体的机器来启动虚拟机。所以，最重要的 Glance 接口是 image 的注册和传输。

4. 块存储（Block Storage）：Cinder

Cinder 是存储管理的组成部分。许多人一直在努力实现 AWS 的 EBS。OpenStack 最终推出了自己的存储管理组件。在未来，如果存储供应商拥护 Cinder，OpenStack 的商业化仍然十分有利。对于企业来讲，利用分布式存储作为虚拟机并没有节约本钱，并维持了一套分布式存储，成本仍然居高不下。目前，存储供应商可以解决虚拟机的各种高可用性和备份问题。

5. 网络 & 地址管理（Network）：Neutron

确保为其他开放服务（如 OpenStack 计算）提供网络连接。为云计算供应虚构网络功能，并为每一个有差别的租户创建一个独立的网络空间。

6. UI 界面（Dashboard）：Horizon

为所有的 OpenStack 服务提供一个模块化的可视化图形界面。允许用户操作使用这些项目中的资源。通过这个接口，用户可以设置主机，分配带宽，添加云盘等。

7. 身份服务（Identity）：Keystone

Keystone 是 OpenStack 的用户身份验证组件，其作用是为用户和各种服务端口创建管理项目，并使用任何 API 对用户进行身份验证，首先必须通过 Keystone 验证。

2.3 OpenStack 部署

在安装 OpenStack 云平台前，首先要对宿主机进行一系列的配置。

2.3.1 虚拟机的创建与配置

（1）首先在宿主机上安装 Oracle VM VirtualBox 软件。打开 VirtualBox 软件，执行"管理"→"全局变量"→"网络"命令，在 NAT 网络中添加一个新的 NAT 网络。将网络 IP 配置为"10.0.0.0/24"，如图 2.2 所示。

选择仅主机网络选项卡，添加一个新的主机网络，设置为默认格式，用于 OpenStack 云平台的内部通信。

（2）在 VirtualBox 软件中单击"新建"按钮，设置虚拟机名为 controller，选择安装 Ubuntu 14.04 server 操作系统，为操作系统分配 4GB 内存空间，如

图 2.2　NAT 网络

图 2.3 所示。然后选择文件位置，为磁盘空间分配 120GB 空间，如图 2.4 所示。单击"创建"按钮。另一台虚拟机照此配置，只需将虚拟机名称改为 Compute。

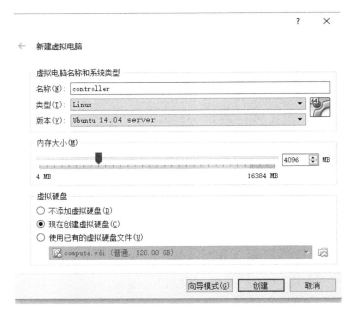

图 2.3　配置虚拟机（一）

（3）创建完毕虚拟机后在安装操作系统前，应选择设置，在网络区域，将网卡 1 配置为 NAT 网络，高级设置默认即可；将网卡 2 配置为仅主机模式，

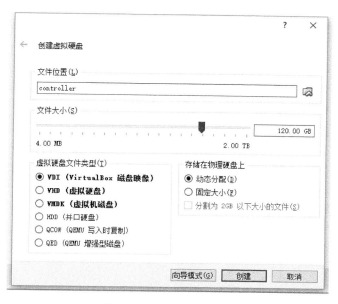

图 2.4　配置虚拟机（二）

选择"高级"选项，将混杂模式设置为全部允许，如图 2.5 所示。

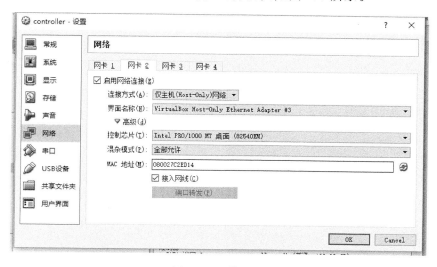

图 2.5　网络设置

2.3.2 安装步骤

在该系统的安装和操作时应注意选择好的版本号,必须选择 Ubuntu14.04 操作系统,否则,在 OpenStack 的安装可能会有一些问题。安装系统时,最好不要自定义划分盘符。具体问题会在下一节讲解。最后将自动更新关闭。

这部分解释如何架构配置控制节点和一个计算节点。

大多数环境包括身份验证、镜像、计算、至少一个 Web 服务和 Horizon。如果要使用 Horizon,则应至少需要镜像服务、计算服务和 Web 服务。因此,本次安装选择按最低要求进行部署。只包含认证、镜像、计算、网络服务,还有 Horizon。

以下操作必须使用管理员权限账户配置每个节点。可以使用 root 用户或 sudo 工具执行这些命令。

以下环境为最小支持环境,构建一个核心服务和一个 CirrOS 实例:

Controller-node:1 处理器,4GB 内存,120GB 存储。

Compute-node:1 处理器,4GB 内存,120GB 存储。

2.3.3 环境配置

安装节点操作系统后,首先应该配置网络。建议禁用自动网络管理工具,并手动编辑 Ubuntu 操作系统的配置文件。

对于管理的目的,如安装包、安全更新、DNS 和 NTP,所有节点应与互联网进行通信。在大多数情况下,节点应该通过管理网络接口访问 Internet。为了更好地突出网络隔离的重要性,网络采用私有地址物理网络设备通过 NAT 提供互联网接入。路由 IP 地址用于隔离服务提供商(外部)网络且物理网络设备可以提供对 Internet 的直接访问。

在提供服务网络框架中,所有实例直接连接到提供服务网络。

使用如下网络:

eth0(公共网络)——网络段:类似 10.0.0.0/24;功能:提供访问网络节点外部网络的公共网络。

eth1(管理网络、数据网络)——网络段:类似 192.168.134.1/24;管理网络:有关 OpenStack 组件之间的通信;数据网络:用于在云部署中实现数据之间的通信,如图 2.6 所示。

第2章 基于OpenStack的云平台部署

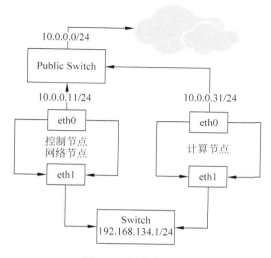

图 2.6 网络拓扑图

1. 配置网络接口

在控制节点配置网络接口。

将第一个接口配置为管理网络接口：

IP 地址：10.0.0.11
子网掩码：255.255.255.0
默认网关：10.0.0.1

提供服务网络接口使用未分配给其 IP 地址的特殊配置。将第二个网卡配置为提供服务网络，如图 2.7 所示。

```
auto eth0
iface eth0 inet static
        address 10.0.0.11
        netmask 255.255.255.0
        network 10.0.0.0
        broadcast 10.0.0.255
        gateway 10.0.0.1
        # dns-* options are implemented by the resolvconf package, if installed
        dns-nameservers 10.0.0.1
# The provider network interface
auto eth1
iface eth1 inet manual
up ip link set dev $IFACE up
down ip link set dev $IFACE down
```

图 2.7 eth1 网络配置（一）

编辑/etc/hosts 写入域名服务器 IP 如下：

\# controller
10.0.0.11   controller
\# compute
10.0.0.31   compute

如图 2.8 所示。

执行/etc/init.d/networking restart，启用网络。

在 compute 节点配置网络接口。

将第一个接口配置为管理网络接口：

IP 地址：10.0.0.31
子网掩码：255.255.255.0
默认网关：10.0.0.1

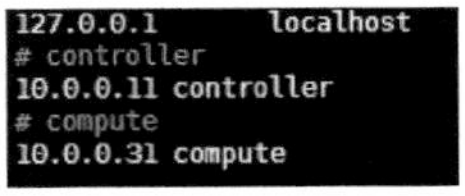

图 2.8　hosts 文件配置

provider 网络接口使用和 controller 节点相同的配置，如图 2.9 所示。

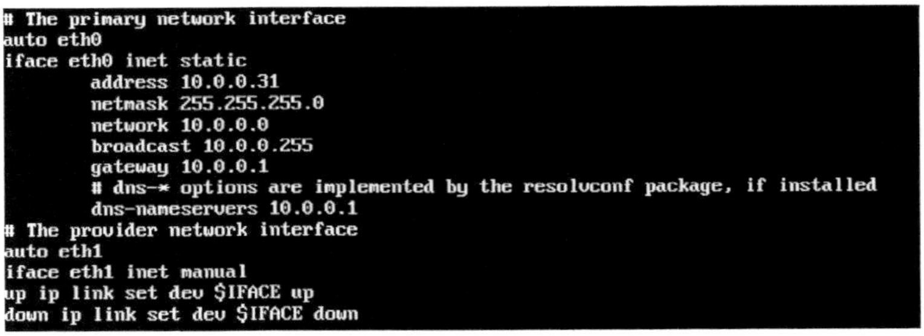

图 2.9　eth1 网络配置（二）

编辑/etc/hosts 写入域名服务器 IP 如下：

\# controller
10.0.0.11   controller
\# compute
10.0.0.31   compute

执行 /etc/init.d/networking restart，启用刚才的网络设置。

之后进行验证两个节点是否可以通信，最后连接外网。

关于连接命令如下所示。

两个节点都执行 ping 命令，此命令为了验证是否可以与外网通信，如图 2.10 所示。

验证两节点是否可以通信，如图 2.11 所示。

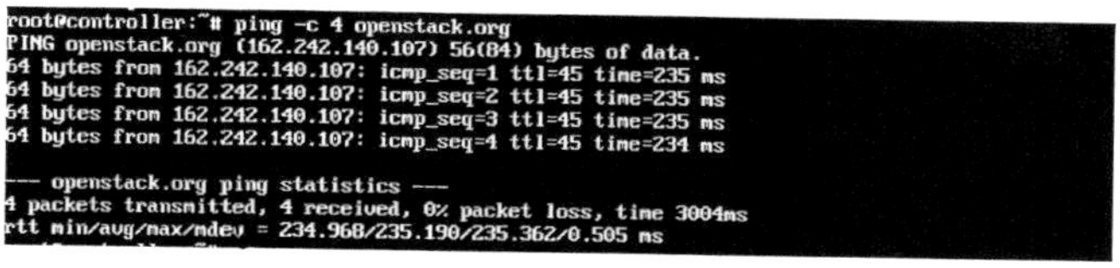

```
root@controller:~# ping -c 4 openstack.org
PING openstack.org (162.242.140.107) 56(84) bytes of data.
64 bytes from 162.242.140.107: icmp_seq=1 ttl=45 time=235 ms
64 bytes from 162.242.140.107: icmp_seq=2 ttl=45 time=235 ms
64 bytes from 162.242.140.107: icmp_seq=3 ttl=45 time=235 ms
64 bytes from 162.242.140.107: icmp_seq=4 ttl=45 time=234 ms

--- openstack.org ping statistics ---
4 packets transmitted, 4 received, 0% packet loss, time 3004ms
rtt min/avg/max/mdev = 234.968/235.190/235.362/0.505 ms
```

图 2.10 验证连通性(一)

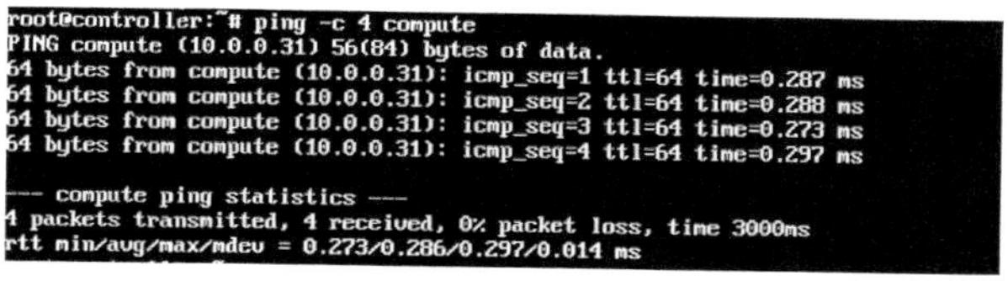

```
root@controller:~# ping -c 4 compute
PING compute (10.0.0.31) 56(84) bytes of data.
64 bytes from compute (10.0.0.31): icmp_seq=1 ttl=64 time=0.287 ms
64 bytes from compute (10.0.0.31): icmp_seq=2 ttl=64 time=0.288 ms
64 bytes from compute (10.0.0.31): icmp_seq=3 ttl=64 time=0.273 ms
64 bytes from compute (10.0.0.31): icmp_seq=4 ttl=64 time=0.297 ms

--- compute ping statistics ---
4 packets transmitted, 4 received, 0% packet loss, time 3000ms
rtt min/avg/max/mdev = 0.273/0.286/0.297/0.014 ms
```

图 2.11 验证连通性(二)

两个节点都用上述的两个命令进行验证。

2. 安装 NTP 服务

在控制节点安装 NTP 服务用于双节点的时间同步,具体命令如下:

```
apt-get install chrony
```

安装完成之后使用 vi 编辑器编辑/etc/chrony/chrony.conf,添加以下参数设置:

```
server 127.0.0.1 iburst #可以将默认的 server 参数注释
```

重新启动 NTP 服务,输入指令:

```
service chrony restart
```

然后在计算节点的同时部署 NTP 服务,在 chrony.conf 文件中将 server 参数修改为如下所示:

```
server controller iburst
```

注意要将默认的 server 参数注释。

重新启动 NTP service,输入指令:

```
service chrony restart
```

在控制节点处进行验证 NTP,同步输入同样的指令:

```
chronyc sources
```

如图 2.12 所示。

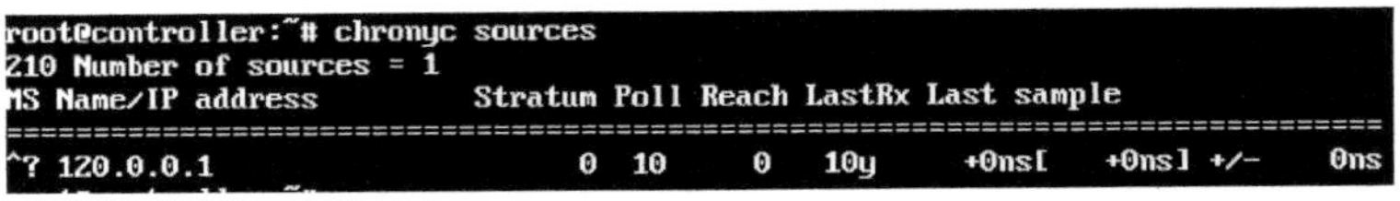

图 2.12 时间同步(一)

在 compute 节点执行相同的命令,如图 2.13 所示。

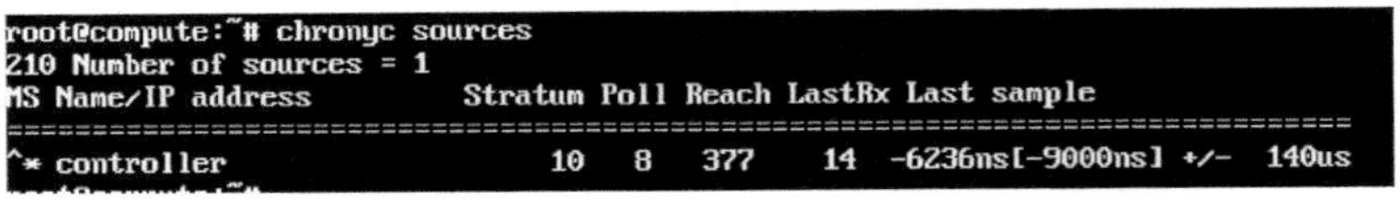

图 2.13 时间同步(二)

3. 安装 OpenStack 客户端

下面进行 OpenStack 包的安装。安装包需要在所有的节点进行,本书只提供了两个节点,因此,在这两个节点执行相同的命令即可。

首先需要启动 OpenStack 库,之后在两个节点下安装升级包:

apt-get update && apt-get dist-upgrade # 如果需要更新内核,需要重启主机

在两个节点下安装 OpenStack 客户端:

apt – get install python – openstackclient

4. 数据库安装

数据库通常在控制节点上运行。因此本书的数据库只在控制节点部署与配置。

首先安装好数据库,设置数据库的密码并将其设置为 root。创建并编辑文件/etc/mysql/conf.d/openstack.cnf,如图 2.14 所示。

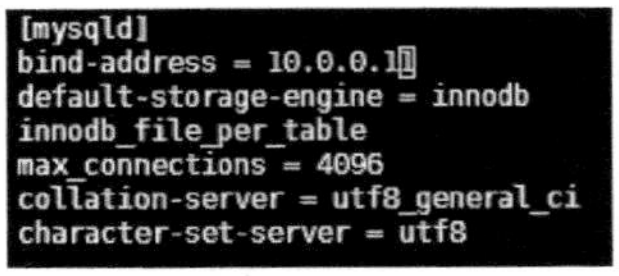

重新启动数据库服务。在这里可以选择将数据库进行加固,命令如下:

图 2.14 openstack.cnf 文件

mysql_secure_installation

执行后会有比较多的 yes/no 交互,依据个人情况进行更改。

5. 安装 NoSQL 服务

Telemetry 服务使用 NoSQL 数据库来存储信息,通常在控制节点上。

这里使用 MongoDB。

首先安装 MongoDB 包,使用 vi 编辑器打开/etc/mongodb.conf,写入下面的设置:

```
bind_ip = 10.0.0.11
smallfiles = true
```

然后执行对 MongoDB 服务的停止操作,将 journal/文件夹中的 prealloc.* 删除,最后在 MongoDB 服务启动。

6. 安装消息队列服务

消息队列服务通常在 Controlle-node 运行。OpenStack 支持多消息队列服务,包括 QPID 和 ZeroMQ。然而,大多数 OpenStack 的数据包分布支持特定的消息队列服务。本次安装选用 RabbitMQ。

首先进行安装包的安装,加入 OpenStack 用户:

```
rabbitmqctl add_user openstack RABBIT_PASS # 这里的 RABBIT_PASS 指的是密码,
                                            在这里可以将密码改为 openstack
```

授权命令:

```
rabbitmqctl set_permissions openstack".*"".*"".*"
```

7. 安装分布式缓存服务

身份验证服务、身份验证缓存使用 memcached 缓存令牌。缓存服务 memcached 在 Controlle-node 运行。在生产部署中,我们建议联合防火墙、身份验证和加密以确保其安全性。

先进行软件包的安装,然后修改/etc/memcached.conf,将里面的 -l 127.0.0.1 修改成-l 10.0.0.11(这是管理网卡 IP 地址)。

重新启动 memcached 服务。

到此为止环境已经配置成功。

2.3.4 身份认证模块的安装与配置

1. 前期准备

在部署 OpenStack 身份验证服务之前,首先创建数据库和管理员令牌。本节所进行的一系列安装与配置全部都在控制节点进行。

以 root 身份进入 SQL 数据库并建立 keystone 数据库,在数据库内,建立 keystone 用户并赋予权限,如图 2.15 所示。

```
GRANT ALL PRIVILEGES ON keystone.* TO 'keystone'@'localhost' \
    IDENTIFIED BY 'KEYSTONE_DBPASS';
GRANT ALL PRIVILEGES ON keystone.* TO 'keystone'@'%' \
    IDENTIFIED BY 'KEYSTONE_DBPASS';
```

图 2.15　赋予 keystone 用户权限

这里应该注意,将"KEYSTONE_DBPASS"替换为自己想要输入的密码,在这里,可以输入"k123456"。退出数据库,返回到命令行界面,执行 openssl rand-hex 10 命令,得到一串随机数,将会用作临时的 admin token,在后续安装中会起作用。

2. 安装与配置 keystone

首先进行安装包的安装,使用 vi 编辑器打开 keystone.conf 配置文件。

在[default]中,写入 admin_token 的值。admin_token 是上面自动生成的一串字符。

在[database]中,写入以下连接字符串:

connection = mysql + pymysql://keystone:k123456@controller/keystone

在[token]下,写入 provider=fernet。

初始化身份验证服务的数据库和 Fernet keys。安装之后需要禁止 keystone 服务开机启动。

3. 配置 Apache HTTP 服务

已安装 apache2。请参见前面的步骤,这里只需要一些配置工作。编辑/etc/apache2/apache2.conf,之后写入:ServerName controller。

在 apache2 文件夹的子文件夹 sites-available 中创建一个 wsgi-keystone.conf,将图 2.16 中的内容复制进去即可。

开启认证服务虚拟主机:

ln -s /etc/apache2/sites-available/wsgi-keystone.conf /etc/apache2/sites-enabled

重启 Apache HTTP 服务器:

service apache2 restart
扫尾工作 rm -f /var/lib/keystone/keystone.db

```
Listen 5000
Listen 35357
<VirtualHost *:5000>
    WSGIDaemonProcess keystone-public processes=5 threads=1 user=keystone group=keystone display-name=%{GROUP}
    WSGIProcessGroup keystone-public
    WSGIScriptAlias / /usr/bin/keystone-wsgi-public
    WSGIApplicationGroup %{GLOBAL}
    WSGIPassAuthorization On
    ErrorLogFormat "%{cu}t %M"
    ErrorLog /var/log/apache2/keystone.log
    CustomLog /var/log/apache2/keystone_access.log combined
    <Directory /usr/bin>
        Require all granted
    </Directory>
</VirtualHost>
<VirtualHost *:35357>
    WSGIDaemonProcess keystone-admin processes=5 threads=1 user=keystone group=keystone display-name=%{GROUP}
    WSGIProcessGroup keystone-admin
    WSGIScriptAlias / /usr/bin/keystone-wsgi-admin
    WSGIApplicationGroup %{GLOBAL}
    WSGIPassAuthorization On
    ErrorLogFormat "%{cu}t %M"
    ErrorLog /var/log/apache2/keystone.log
    CustomLog /var/log/apache2/keystone_access.log combined
    <Directory /usr/bin>
        Require all granted
    </Directory>
</VirtualHost>
```

图 2.16　wsgi-keystone.conf 配置文件

此时，已安装和配置身份验证模块。

4. 创建服务实体和 API 端点

身份验证服务提供服务目录及其位置。OpenStack 中的每个服务需要创建一个服务实体，相当于 keystone 注册，任何访问这些注册服务均需要 keystone 验证。配置认证令牌：

```
export OS_TOKEN = ADMIN_TOKEN  # ADMIN_TOKEN 指的是生成的一串随机数. 在这里随机数为 31e4aa87457f40b88ac6
```

配置端点 URL：

```
export OS_URL = http://controller:35357/v3
```

配置认证 API 的版本：

```
export OS_IDENTITY_API_VERSION = 3
```

创建服务实体和身份认证服务，如图 2.17 所示。

```
root@controller:/home/zjf# openstack service create \
>   --name keystone --description "OpenStack Identity" identity
+-------------+----------------------------------+
| Field       | Value                            |
+-------------+----------------------------------+
| description | OpenStack Identity               |
| enabled     | True                             |
| id          | 464c898d4c734750bac188104ab6f4a1 |
| name        | keystone                         |
| type        | identity                         |
+-------------+----------------------------------+
```

图 2.17　服务实体和身份认证服务

创建 3 个 API URL 供拥有不同权限的实体使用(用户、其余服务等)：

openstack endpoint create --region RegionOne identity public https://controller:5000/v3 #在这里只列出其中一个 API URL,剩余两个分别为 internal 和 admin,如图 2.18 所示

```
root@controller:/home/zjf# openstack endpoint create --region RegionOne \
> identity public http://controller:5000/v3
+--------------+----------------------------------+
| Field        | Value                            |
+--------------+----------------------------------+
| enabled      | True                             |
| id           | 294a6d84c3094856af268f73ad41f586 |
| interface    | public                           |
| region       | RegionOne                        |
| region_id    | RegionOne                        |
| service_id   | 464c898d4c734750bac188104ab6f4a1 |
| service_name | keystone                         |
| service_type | identity                         |
| url          | http://controller:5000/v3        |
+--------------+----------------------------------+
```

图 2.18 创建认证服务的 API 端点

5. 建立 domain、project、user、role 等

认证服务为每一个 OpenStack 服务提供认证服务。

创建域 default：openstack domain create --description "Default Domain" default,如图 2.19 所示。

```
root@controller:/home/zjf# openstack domain create --description "Default Domain" default
+-------------+----------------------------------+
| Field       | Value                            |
+-------------+----------------------------------+
| description | Default Domain                   |
| enabled     | True                             |
| id          | 63f1b0dede304117956c7623fc1a2847 |
| name        | default                          |
+-------------+----------------------------------+
```

图 2.19 创建 default 域

为进行管理操作,创建托管项目、用户和角色。

创建 admin 项目：openstack project create --domain default --description "Admin Project" admin,如图 2.20 所示。

```
root@controller:/home/zjf# openstack project create --domain default \
> --description "Admin Project" admin
+-------------+----------------------------------+
| Field       | Value                            |
+-------------+----------------------------------+
| description | Admin Project                    |
| domain_id   | 63f1b0dede304117956c7623fc1a2847 |
| enabled     | True                             |
| id          | 30c4487cace44c449ba6ee5e1e9a9a20 |
| is_domain   | False                            |
| name        | admin                            |
| parent_id   | 63f1b0dede304117956c7623fc1a2847 |
+-------------+----------------------------------+
```

图 2.20 创建 admin 项目

创建 admin 用户：openstack user create --domain default --password-prompt admin，在这里需要设置密码，本文设置的是 admin，如图 2.21 所示。

图 2.21 创建 admin 用户

创建 admin 角色：openstack role create admin，如图 2.22 所示。

图 2.22 创建 admin 角色

添加 admin 角色到 admin 项目和用户上：openstack role add --project admin --user admin admin。

创建 service 项目：openstack project create --domain default --description "Service Project" service，如图 2.23 所示。

图 2.23 创建 service 项目

常规（非管理员）任务应使用非特权项目和用户，因此创建 demo 项目和用户。

创建 demo 项目：openstack project create --domain default --description

"Demo Project" demo，如图 2.24 所示。

```
root@controller:/home/zjf# openstack project create --domain default \
>   --description "Demo Project" demo
+-------------+----------------------------------+
| Field       | Value                            |
+-------------+----------------------------------+
| description | Demo Project                     |
| domain_id   | 63f1b0dede304117956c7623fc1a2847 |
| enabled     | True                             |
| id          | 1b4603f9b4064f079f4c94e9c4fa48fa |
| is_domain   | False                            |
| name        | demo                             |
| parent_id   | 63f1b0dede304117956c7623fc1a2847 |
+-------------+----------------------------------+
```

图 2.24　创建 demo 项目

创建 demo 用户，并设置 demo 密码为 demo，如图 2.25 所示。

```
root@controller:/home/zjf# openstack user create --domain default \
>   --password-prompt demo
User Password:
Repeat User Password:
+-----------+----------------------------------+
| Field     | Value                            |
+-----------+----------------------------------+
| domain_id | 63f1b0dede304117956c7623fc1a2847 |
| enabled   | True                             |
| id        | 6b33e4aff92840e0bad4a172908d5444 |
| name      | demo                             |
+-----------+----------------------------------+
```

图 2.25　创建 demo 用户

创建 user 角色，如图 2.26 所示。

```
root@controller:/home/zjf# openstack role create user
+-----------+----------------------------------+
| Field     | Value                            |
+-----------+----------------------------------+
| domain_id | None                             |
| id        | 24957f5257b642d7b2e2deadeaaa09e5 |
| name      | user                             |
+-----------+----------------------------------+
```

图 2.26　创建 user 角色

添加 user 角色到 demo 项目和用户：openstack role add --project demo --user demo user。

6. 验证操作

众所周知，创建命令的前一步相对较短，事实上，OpenStack 命令长且包含许多变量。用户使用短命令的原因是因为需要在操作中设置环境变量，因此 OpenStack 命令将检查一些必要的参数，如果不是，然后转到环境变量。前文在环境变量中曾写入了 admin_token，这样非常不安全。

由于安全性需要的原因，须关闭临时认证令牌机制：

编辑/etc/keystone/keystone－paste.ini 文件，从［pipeline：public_api］、［pipeline：admin_api］和［pipeline：api_v3］部分删除 admin_token_auth。

撤销在操作中设置的环境变量：unset OS_TOKEN OS_URL。

输入一个完整的命令来获取管理员用户的令牌，这是对管理员用户的验证，然后返回一个令牌。

命令如下：

```
openstack --os-auth-url http://controller:35357/v3 \
 --os-project-domain-name default --os-user-domain-name default \
 --os-project-name admin --os-username admin token issue
```

这里需要输入 admin 用户的密码。密码在上文提到过为：admin。

对 demo 用户进行身份验证：

```
openstack --os-auth-url http://controller:5000/v3 \
 --os-project-domain-name default --os-user-domain-name default \
 --os-project-name demo --os-username demo token issue
```

这里需要输入 demo 用户的密码。密码在上文提到过为：demo。

7. 创建 OpenStack 客户端环境脚本

其目的是编写脚本，执行环境变量的创建，并简化 OpenStack 命令长度。

创建、修改文件 admin-openrc，并写入如图 2.27 所示的内容。

```
export OS_PROJECT_DOMAIN_NAME=default
export OS_USER_DOMAIN_NAME=default
export OS_PROJECT_NAME=admin
export OS_USERNAME=admin
export OS_PASSWORD=ADMIN_PASS
export OS_AUTH_URL=http://controller:35357/v3
export OS_IDENTITY_API_VERSION=3
export OS_IMAGE_API_VERSION=2
```

图 2.27 admin-openrc 脚本的创建

在这里将图 2.27 中的 ADMIN_PASS 改为 admin，即脚本已完成。同样，创建 demo 客户端环境脚本也是如图 2.27 所示，只需要修改两个部分：OS_PROJECT_NAME＝demo 和 PASSWORD＝demo 即可。

接下来，可以通过运行 admin-openrc 来启动脚本，请求身份认证令牌：

```
openstack token issue
```

到此为止，身份验证模块配置完毕。

2.3.5 镜像服务模块的安装与配置

本节介绍如何在 Controller-node 上部署镜像服务,即 glance。简单地说,这种配置将镜像存储在本地文件系统中。

在部署镜像服务以前,建立数据库、服务凭证和 API 端点。

进入 MySQL,建立 glance 数据库:create database glance。

在 MySQL 内建立 glance 用户并授权,如图 2.28 所示。

```
GRANT ALL PRIVILEGES ON glance.* TO 'glance'@'localhost' \
    IDENTIFIED BY 'GLANCE_DBPASS';
GRANT ALL PRIVILEGES ON glance.* TO 'glance'@'%' \
    IDENTIFIED BY 'GLANCE_DBPASS';
```

图 2.28 glance 用户授权

将 KEYSTONE_DBPASS 替换为想输入的密码,可以修改成"g123456"。

退出数据库并运行脚本 admin-openrc(在部署 keystone 时建立的脚本),在管理员权限管理用户身份之后执行。

建立 OpenStack 的 glance 用户:openstack user create --domain default --password-prompt glance,设置 glance 用户密码:glance。

为 glance 用户设置权限,允许 glance 用户对服务项目中的所有资源具有管理员权限(除 keystone 之外的服务资源将包括在此项目中):

openstack role add -- project service -- user glance admin

创建 glance 的服务实体,如图 2.29 所示。

```
root@controller:/home/zjf# openstack service create --name glance \
>   --description "OpenStack Image" image
+-------------+----------------------------------+
| Field       | Value                            |
+-------------+----------------------------------+
| description | OpenStack Image                  |
| enabled     | True                             |
| id          | 74a86a3a25f9405f860162537b98b6fe |
| name        | glance                           |
| type        | image                            |
+-------------+----------------------------------+
```

图 2.29 创建 glance 的服务实体

创建镜像服务的 API 端点:

openstack endpoint create -- region RegionOne \

image internal https://controller:9292 在这里只列出其中一个 API

URL,剩余两个分别为 public 和 admin。

安装 glance 包并修改文件 /etc/glance/glance-api.conf,写入如图 2.30 所示的内容。

```
[database]
connection = mysql+pymysql://glance:g123456@controller/glance
[keystone_authtoken]
auth_uri = http://controller:5000
auth_url = http://controller:35357
memcached_servers = controller:11211
auth_type = password
project_domain_name = default
user_domain_name = default
project_name = service
username = glance
password = glance
[paste_deploy]
flavor = keystone
[glance_store]
stores = file,http
default_store = file
filesystem_store_datadir = /var/lib/glance/images/
```

图 2.30　glance-api.conf 配置文件

修改文件/etc/glance/glance-registry.conf,如图 2.31 所示。

```
[database]
connection = mysql+pymysql://glance:g123456@controller/glance
[keystone_authtoken]
auth_uri = http://controller:5000
auth_url = http://controller:35357
memcached_servers = controller:11211
auth_type = password
project_domain_name = default
user_domain_name = default
project_name = service
username = glance
password = glance
[paste_deploy]
flavor = keystone
```

图 2.31　glance-registry.conf 配置文件

同步数据库,如图 2.32 所示。

```
root@controller:/home/zjf# su -s /bin/sh -c "glance-manage db_sync" glance
```

图 2.32　同步数据库

启动镜像服务,下载镜像文件到某个目录下,按照官网的例子,获取 cirros 镜像。

在刚刚保存镜像文件的目录中,执行上传镜像命令,并执行确保管理员用户身份验证的环境变量(admin-openrc)。

```
openstack image create "cirros" \
  -- file cirros - 0.3.4 - x86_64 - disk.img \
  -- disk - format qcow2 -- container - format bare \
  -- public
```

检查镜像是否上传成功,执行 openstack image list 命令,如图 2.33 所示,表示执行成功。

```
root@controller:/home/zjf# openstack image list
| ID                                   | Name   | Status |
| cabaf58d-6cf6-4c5b-9301-4e1a33d4cbc2 | cirros | active |
```

图 2.33　查看镜像

到此为止,glance 模块安装成功。

2.3.6　计算服务安装与配置

1. 控制节点

这个部分将叙述如何在 Controller-node 上部署 Compute 服务,也就是 nova。

在部署 Compute 服务前,必须建立数据库服务的凭证和 API 端点。

使用 root 进入 MySQL,创建两个数据库:CREATE DATABASE nova_api 和 CREATE DATABASE nova。

在数据库中,建立 nova 用户并给予权限(应注意赋予权限时 NOVA_DBPASS 设置为 n123456),之后命令中修改为一致的 NOVA_DBPASS 值,然后退出 MYSQL。

运行 admin-openrc 脚本,为了更好地确认接下来以管理员身份继续执行下面的命令。

建立 nova 用户：

openstack user create -- domain default -- password-prompt nova

nova 用户授予对项目服务的管理员权限：

openstack role add -- project service -- user nova admin

创建 nova 服务实体，如图 2.34 所示。

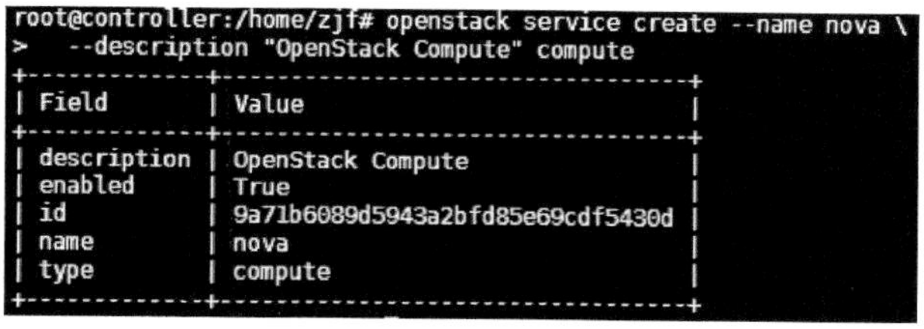

```
root@controller:/home/zjf# openstack service create --name nova \
> --description "OpenStack Compute" compute
+-------------+----------------------------------+
| Field       | Value                            |
+-------------+----------------------------------+
| description | OpenStack Compute                |
| enabled     | True                             |
| id          | 9a71b6089d5943a2bfd85e69cdf5430d |
| name        | nova                             |
| type        | compute                          |
+-------------+----------------------------------+
```

图 2.34　创建 nova 服务实体

创建三个 API URL 的 nova 服务，这三个网址只是不同类型：

openstack endpoint create --region RegionOne \ compute admin https://controller:8774/v2.1/%tenantids＃在这里只列出其中一个 API URL，剩余两个分别为 public 和 internal

安装 nova 服务所需要的所有安装包及修改配置文件 /etc/nova/nova.conf，添加或更改如图 2.35 所示内容。

同步数据库，重启 Compute 服务，到此为止，控制节点安装完毕。

2. Compute-node

这部分描述如何在 Compute-node 上安装并配置计算服务。

首先需要安装软件包，之后对 /etc/nova/nova.conf 进行添加或修改，如图 2.36 所示。

修改完之后应检查 Compute-node 能否支持虚拟机的硬件加速。命令如下：

egrep -c '(vmx|svm)' /proc/cpuinfo

假如这个命令返回值为 1 或更高，则 Compute-node 可以硬件加速，并无需修改其他文件。

假如这个命令返回值为 0，则 Compute-node 不可以硬件加速。必须配

```
[DEFAULT]
dhcpbridge_flagfile=/etc/nova/nova.conf
dhcpbridge=/usr/bin/nova-dhcpbridge
#logdir=/var/log/nova
state_path=/var/lib/nova
lock_path=/var/lock/nova
force_dhcp_release=True
libvirt_use_virtio_for_bridges=True
verbose=True
ec2_private_dns_show_ip=True
api_paste_config=/etc/nova/api-paste.ini
enabled_apis=osapi_compute,metadata
auth_strategy = keystone
firewall_driver = nova.virt.firewall.NoopFirewallDriver
my_ip = 10.0.0.11
use_neutron = True
rpc_backend = rabbit
[api_database]
connection = mysql+pymysql://nova:n123456@controller/nova_api
[database]
connection = mysql+pymysql://nova:n123456@controller/nova
[oslo_messaging_rabbit]
rabbit_host = controller
rabbit_userid = openstack
rabbit_password = openstack #环境配置时安装rabbitmq时创建的openstack用户名密码
[keystone_authtoken]
memcached_servers = controller:11211
auth_type = password
project_domain_name = default
auth_uri = http://controller:5000
auth_url = http://controller:35357
user_domain_name = default
project_name = service
username = nova
password = nova
[vnc]
vncserver_listen = $my_ip
vncserver_proxyclient_address = $my_ip
[oslo_concurrency]
lock_path = /var/lib/nova/tmp
```

图 2.35　控制节点 nova.conf 配置

置 libvirt 以使用 QEMU 而不是 KVM。

修改/etc/nova/nova-compute.conf 文件,在[libvirt]区域改为下面的代码:

```
virt_type = qemu
```

重启计算服务。

3. 验证操作

验证操作需要在控制节点进行,因此,首先运行 admin-openrc 脚本获取管理员权限。

列出服务组件以验证进程是否成功启动和注册:

```
openstack compute service list
```

如图 2.37 所示,compute-node 此时已经出现。

```
[DEFAULT]
dhcpbridge_flagfile=/etc/nova/nova.conf
dhcpbridge=/usr/bin/nova-dhcpbridge
#logdir=/var/log/nova
state_path=/var/lib/nova
lock_path=/var/lock/nova
force_dhcp_release=True
libvirt_use_virtio_for_bridges=True
verbose=True
ec2_private_dns_show_ip=True
api_paste_config=/etc/nova/api-paste.ini
enabled_apis=ec2,osapi_compute,metadata
rpc_backend = rabbit
auth_strategy = keystone
my_ip =10.0.0.31
use_neutron = True
firewall_driver = nova.virt.firewall.NoopFirewallDriver
[oslo_messaging_rabbit]
rabbit_host = controller
rabbit_userid = openstack
rabbit_password = openstack #环境配置时安装rabbitmq时创建的openstack用户名密码
[keystone_authtoken]
auth_uri = http://controller:5000
auth_url = http://controller:35357
memcached_servers = controller:11211
auth_type = password
project_domain_name = default
user_domain_name = default
project_name = service
username = nova
password = nova
[vnc]
enabled = True
vncserver_listen = 0.0.0.0
vncserver_proxyclient_address = $my_ip
novncproxy_base_url = http://controller:6080/vnc_auto.html
[glance]
api_servers = http://controller:9292
[oslo_concurrency]
lock_path = /var/lib/nova/tmp
```

图 2.36　计算节点 nova.conf 配置

```
root@controller:/home/zjf# openstack compute service list
+----+------------------+------------+----------+---------+-------+----------------------------+
| Id | Binary           | Host       | Zone     | Status  | State | Updated At                 |
+----+------------------+------------+----------+---------+-------+----------------------------+
| 3  | nova-consoleauth | controller | internal | enabled | up    | 2017-05-17T17:48:09.000000 |
| 4  | nova-scheduler   | controller | internal | enabled | up    | 2017-05-17T17:48:15.000000 |
| 5  | nova-conductor   | controller | internal | enabled | up    | 2017-05-17T17:48:14.000000 |
| 6  | nova-compute     | compute    | nova     | enabled | up    | 2017-05-17T17:48:08.000000 |
+----+------------------+------------+----------+---------+-------+----------------------------+
```

图 2.37　计算服务列表

到这里为止，nova 计算模块安装与配置完毕。

2.3.7　Networking 服务安装与配置

本章节讲述如何安装并配置网络服务（neutron）采用：公用云的网络模式进行部署并配置。

1. 控制节点

在配置网络之前,首先创建数据库、服务凭据以及 API 端点。

将客户机和数据库连接到数据库服务器并输入密码创建 neutron 数据库。

```
CREATE DATABASE neutron;
```

建立数据库的 neutron 用户并授权（NEUTRON_DBPASS 改为 n123456），之后退出 MySQL。运行脚本.admin-openrc 确保下一个命令是 admin 身份运行,然后创建服务证书。

创建 neutron 用户：

```
openstack user create --domain default --password-prompt neutron #需要设置密码,密码可设置为 neutron
```

对 neutron 用户赋予服务项目资源的管理员权限,之后建立 neutron 服务实体,如图 2.38 所示。

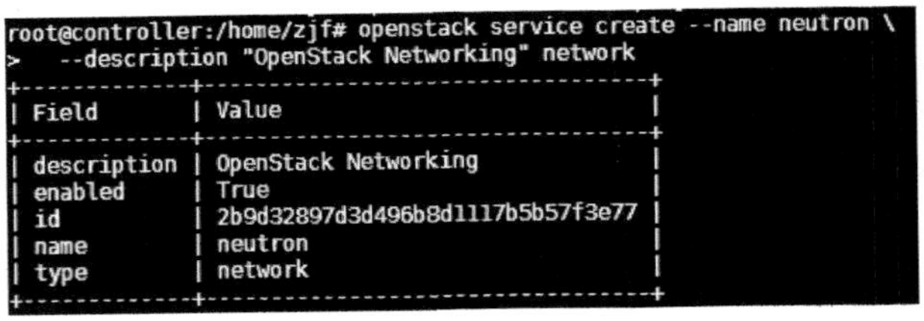

```
root@controller:/home/zjf# openstack service create --name neutron \
>  --description "OpenStack Networking" network
+-------------+----------------------------------+
| Field       | Value                            |
+-------------+----------------------------------+
| description | OpenStack Networking             |
| enabled     | True                             |
| id          | 2b9d32897d3d496b8d1117b5b57f3e77 |
| name        | neutron                          |
| type        | network                          |
+-------------+----------------------------------+
```

图 2.38 创建 neutron 服务实体

与前面类似,同样进行 API 端点的创建：

```
openstack endpoint create --region RegionOne network public https://controller:
9696 #在这里只列出其中一个 API URL,剩余两个分别为 admin 和 internal
```

创建公有网络,选择将实例直接与外部网络连接,没有私有网络、路由器或浮动 IP。只有管理员权限用户能够管理网络设置。

在这里首先进行组件的安装,网络服务器组件的部署涵盖了数据库、身份验证、消息序列、拓扑更改以及插件。

修改 neutron 文件夹中的 neutron.conf,如图 2.39 所示。

修改 Modular Layer 2（ML2）插件,添加与修改文件/etc/neutron/plugins/ml2/ml2_conf.ini,如图 2.40 所示。

```
[DEFAULT]
core_plugin = ml2
service_plugins =
rpc_backend = rabbit
auth_strategy = keystone
notify_nova_on_port_status_changes = True
notify_nova_on_port_data_changes = True
[database]
connection = mysql+pymysql://neutron:n123456@controller/neutron
[oslo_messaging_rabbit]
rabbit_host = controller
rabbit_userid = openstack
rabbit_password = openstack
[keystone_authtoken]
auth_uri = http://controller:5000
auth_url = http://controller:35357
memcached_servers = controller:11211
auth_type = password
project_domain_name = default
user_domain_name = default
project_name = service
username = neutron
password = neutron
[nova]
auth_url = http://controller:35357
auth_type = password
project_domain_name = default
user_domain_name = default
region_name = RegionOne
project_name = service
username = nova
password = nova
```

图 2.39　neutron.conf 配置

```
[ml2]
type_drivers = flat,vlan  #启用flat和VLAN网络
tenant_network_types =     #禁用私有网络
mechanism_drivers = linuxbridge  #启用Linuxbridge机制
extension_drivers = port_security  #启用端口安全扩展驱动

[ml2_type_flat]
flat_networks = provider    #配置公共虚拟网络为flat网络

[securitygroup]
enable_ipset = True   #启用 ipset 增加安全组规则的高效性
```

图 2.40　配置 Modular Layer 2(ML2)插件

配置 Linuxbridge 代理，添加或修改文件/etc/neutron/plugins/ml2/linuxbridge_agent.ini，如图 2.41 所示。

```
[linux_bridge]
physical_interface_mappings = provider:eth1   #eth1第二个网卡的名称
[vxlan]
enable_vxlan = False
[securitygroup]
enable_security_group = Truefirewall_driver = neutron.agent.Linux.iptables_firewall.IptablesFirewallDriver
```

图 2.41　配置 Linuxbridge 代理

配置 DHCP 代理，修改 DHCP 代理文件 dhcp_agent.ini，如图 2.42 所示。添加或修改文件/etc/neutron/metadata_agent.ini。

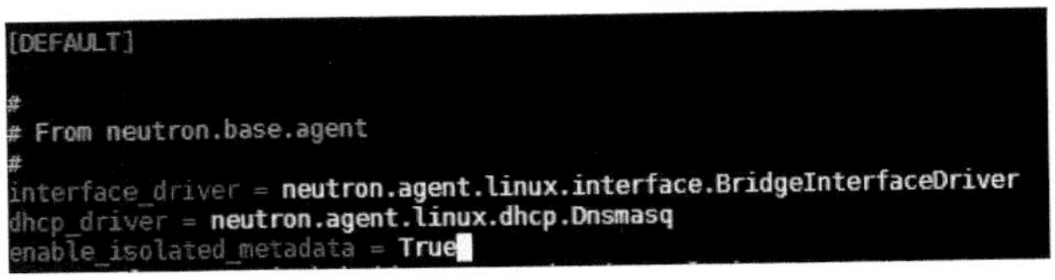

```
[DEFAULT]
#
# From neutron.base.agent
#
interface_driver = neutron.agent.linux.interface.BridgeInterfaceDriver
dhcp_driver = neutron.agent.linux.dhcp.Dnsmasq
enable_isolated_metadata = True
```

图 2.42　配置 DHCP 代理

在默认部分添加如下代码：

```
nova_metadata_ip = controller
metadata_proxy_shared_secret = 123456
```

为计算节点配置网络服务。

打开 nova 的配置文件，继续进行编辑。

加入[neutron]部分，配置访问参数、启用元数据代理和添加密码，如图 2.43 所示。

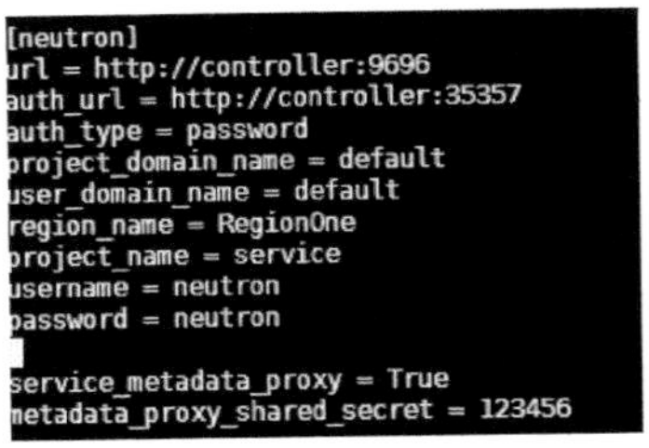

```
[neutron]
url = http://controller:9696
auth_url = http://controller:35357
auth_type = password
project_domain_name = default
user_domain_name = default
region_name = RegionOne
project_name = service
username = neutron
password = neutron

service_metadata_proxy = True
metadata_proxy_shared_secret = 123456
```

图 2.43　nova 配置网络服务

同步数据库，重启计算 API 服务，重启 Networking 服务，控制节点完成安装。

2. 计算节点

计算节点主要为了处理实例的连接和安全组。

当安装完成计算节点的网络组件时，需要对网络组件的配置文件进行手动配置，在这里计算节点配置的内容比控制节点少了很多，只需要对 RabbitMQ 消息队列和认证服务访问进行添加内容即可，在这里为了节省篇幅就不做详细介绍，大致内容和控制节点的网络配置相同。应注意，由于计算节点不需要数据库支持，在这里应该将 database 的内容进行注释。

配置 Linuxbridge 代理：

与控制节点的 Linuxbridge 代理配置相同，不再一一叙述了。

为计算节点配置网络服务：

添加或修改/etc/nova/nova.conf 文件，如图 2.44 所示。

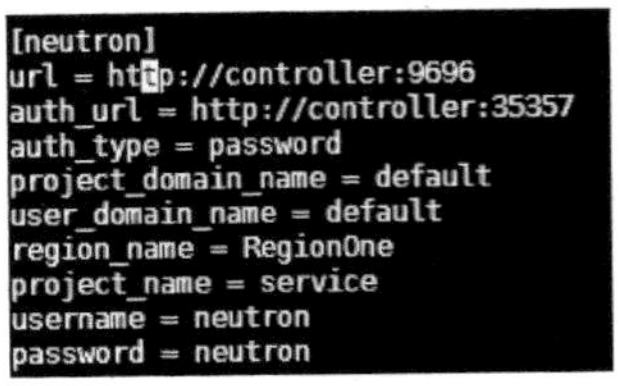

重启计算服务，重启 Linuxbridge 代理。

```
[neutron]
url = http://controller:9696
auth_url = http://controller:35357
auth_type = password
project_domain_name = default
user_domain_name = default
region_name = RegionOne
project_name = service
username = neutron
password = neutron
```

图 2.44　计算节点配置网络服务

3. 验证操作

验证 neutron ext-list(确保此时为 admin 用户身份运行此命令),如图 2.45 所示。

```
root@controller:/home/zjf# neutron ext-list
+---------------------------+-----------------------------------------------+
| alias                     | name                                          |
+---------------------------+-----------------------------------------------+
| default-subnetpools       | Default Subnetpools                           |
| availability_zone         | Availability Zone                             |
| network_availability_zone | Network Availability Zone                     |
| auto-allocated-topology   | Auto Allocated Topology Services              |
| binding                   | Port Binding                                  |
| agent                     | agent                                         |
| subnet_allocation         | Subnet Allocation                             |
| dhcp_agent_scheduler      | DHCP Agent Scheduler                          |
| tag                       | Tag support                                   |
| external-net              | Neutron external network                      |
| net-mtu                   | Network MTU                                   |
| network-ip-availability   | Network IP Availability                       |
| quotas                    | Quota management support                      |
| provider                  | Provider Network                              |
| multi-provider            | Multi Provider Network                        |
| address-scope             | Address scope                                 |
| timestamp_core            | Time Stamp Fields addition for core resources |
| extra_dhcp_opt            | Neutron Extra DHCP opts                       |
| security-group            | security-group                                |
| rbac-policies             | RBAC Policies                                 |
| standard-attr-description | standard-attr-description                     |
| port-security             | Port Security                                 |
| allowed-address-pairs     | Allowed Address Pairs                         |
+---------------------------+-----------------------------------------------+
```

图 2.45 网络验证

验证 neutron agent-list(确保此时为 admin 用户身份运行此命令),如图 2.46 所示。

```
root@controller:/home/zjf# neutron agent-list
+--------------------------------------+--------------------+------------+-------------------
+-------+----------------+---------------------------+
| id                                   | agent_type         | host       | availability_zone
| alive | admin_state_up | binary                    |
+--------------------------------------+--------------------+------------+-------------------
+-------+----------------+---------------------------+
| 4be41346-b17d-4948-9e3f-c0f9b8603fa0 | Linux bridge agent | compute    |
| :-)   | True           | neutron-linuxbridge-agent |
| a69dc6df-e9ab-43a7-8eb9-9fe9bf2eae38 | Linux bridge agent | controller |
| :-)   | True           | neutron-linuxbridge-agent |
| d3964ec0-caa6-4853-93a3-66daa6e3cec6 | DHCP agent         | controller | nova
| :-)   | True           | neutron-dhcp-agent        |
| de09d0bf-0106-414a-bbea-9336d1424e28 | Metadata agent     | controller |
| :-)   | True           | neutron-metadata-agent    |
+--------------------------------------+--------------------+------------+-------------------
```

图 2.46 代理清单

2.3.8 Dashboard 安装与配置

这部分认证服务使用的是 Apache HTTP 服务和 Memcached 服务,用户可以通过 Web 浏览器可视化地访问云平台。

安装组件 dashboard 并且添加和修改文件/etc/openstack-dashboard/local_settings.py，对一些参数进行如下设置：

在控制节点上配置 horizon：

```
OPENSTACK_HOST = "controller"
```

允许所有主机访问 horizon：

```
ALLOWED_HOSTS = ['*', ]
```

配置 memcached 会话存储服务：

```
SESSION_ENGINE = 'django.contrib.sessions.backends.cache'
CACHES = {
    'default': {
        'BACKEND': 'django.core.cache.backends.memcached.MemcachedCache',
        'LOCATION': 'controller:11211',
    }
}
```

启用第 3 版认证 API：

```
OPENSTACK_KEYSTONE_URL = "http://%s:5000/v3" % OPENSTACK_HOST
```

启用对域的支持：

```
OPENSTACK_KEYSTONE_MULTIDOMAIN_SUPPORT = True
```

配置 API 版本：

```
OPENSTACK_API_VERSIONS = {
    "identity": 3,
    "image": 2,
    "volume": 2,
}
```

horizon 在创建用户时配置的默认域是 default：

```
OPENSTACK_KEYSTONE_DEFAULT_DOMAIN = "default"
```

horizon 用户默认角色配置为 user：

```
OPENSTACK_KEYSTONE_DEFAULT_ROLE = "user"
```

禁用支持 3 层网络服务：

```
OPENSTACK_NEUTRON_NETWORK = {
    ...
    'enable_router': False,
    'enable_quotas': False,
    'enable_distributed_router': False,
    'enable_ha_router': False,
    'enable_lb': False,
    'enable_firewall': False,
    'enable_vpn': False,
    'enable_fip_topology_check': False,
}
```

可以选择性地配置时区：

```
TIME_ZONE = "UTC"
```

重新加载 Web 服务器配置：

```
service apache2 reload
```

验证操作

通过使用端口转发，将虚拟机中的 NAT 网络转发到宿主机的网络之中。访问地址为 192.168.137.18：2224/horizon，验证结果如图 2.47 所示。

图 2.47 登录界面

登录成功页面，如图 2.48 所示。

图 2.48 登录成功界面

2.4 实例创建与启动

2.4.1 创建虚拟网络

创建实例的时候需要网络来起到支撑作用，因此，首先创建一个虚拟网络出来。在这里，我们选择的是创建一个公有网络。

第一步，运行 admin-openrc 脚本，获取 OpenStack 的管理员权限。

第二步，即创建网络，如图 2.49 所示。

图 2.49 网络创建

第三步，在网络中划分出一个子网出来，如图 2.50 所示。

```
root@controller:/home/zjf# neutron subnet-create --name provider   --allocation-pool start=10.0.1.2,end=10.0.1.120 \
> --dns-nameserver 8.8.8.8 --gateway 10.0.1.1 \
> provider 10.0.1.0/24
Created a new subnet:
+-------------------+---------------------------------------------+
| Field             | Value                                       |
+-------------------+---------------------------------------------+
| allocation_pools  | {"start": "10.0.1.2", "end": "10.0.1.120"}  |
| cidr              | 10.0.1.0/24                                 |
| created_at        | 2017-05-21T12:16:21                         |
| description       |                                             |
| dns_nameservers   | 8.8.8.8                                     |
| enable_dhcp       | True                                        |
| gateway_ip        | 10.0.1.1                                    |
| host_routes       |                                             |
| id                | 0b7b5852-b758-44d6-a414-a1a00b6a79e7        |
| ip_version        | 4                                           |
| ipv6_address_mode |                                             |
| ipv6_ra_mode      |                                             |
| name              | provider                                    |
| network_id        | d81967d5-65cc-4163-b5c9-3711a7c3963f        |
| subnetpool_id     |                                             |
| tenant_id         | 89738baf6b2940c4b277ad4cd345b5b5            |
| updated_at        | 2017-05-21T12:16:21                         |
+-------------------+---------------------------------------------+
```

图 2.50　子网的划分

此时网络已成功创建。

2.4.2　实例的创建与启动

为了方便界面的友好交互性，接下来的操作选择使用宿主机进行端口转发的形式，在宿主机上使用浏览器访问 horizon 界面。首先，选择创建实例，具体过程如图 2.51～图 2.54 所示。

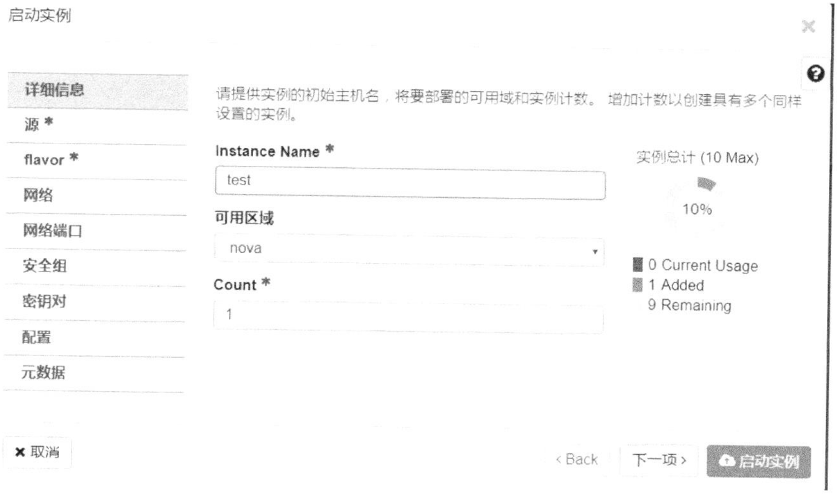

图 2.51　命名与选择实例数量

图 2.52　选择操作系统镜像

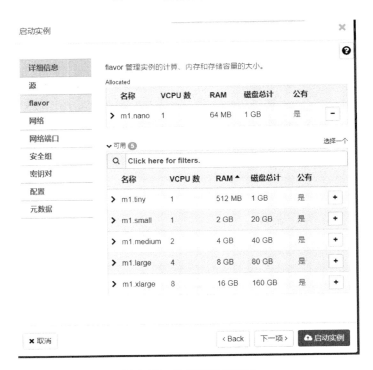

图 2.53　选择实例的配置

第2章 基于OpenStack的云平台部署

图 2.54 选择网络

之后启动实例，如图 2.55 所示。

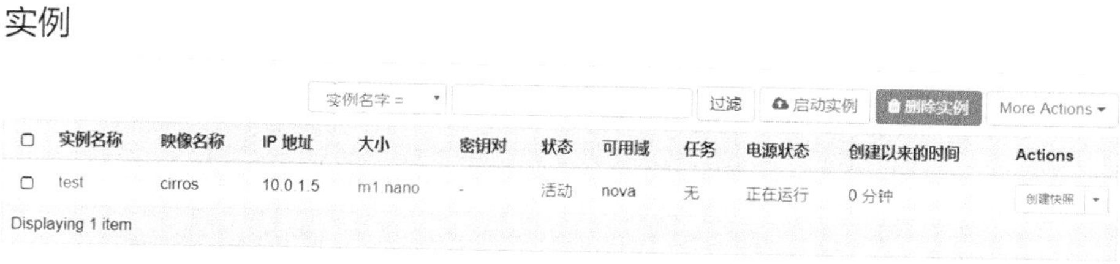

实例

图 2.55 实例列表

选择进入实例之中，在这里，由于使用了 NAT 网络，虚拟机对宿主机来说是不可见的，如图 2.56 所示。

因此为了解决这个问题，我们依旧采取端口转发，查找到实例对应的端口号，之后选择将实例的 IP 地址和端口号转发到宿主机中，即可实现对实例的访问，如图 2.57 所示。

到目前为止，本次的云平台已经成功部署完毕，并进行实例的创建与运行。虽然功能上还有一点缺陷，但是核心功能已经实现。

图 2.56 控制台

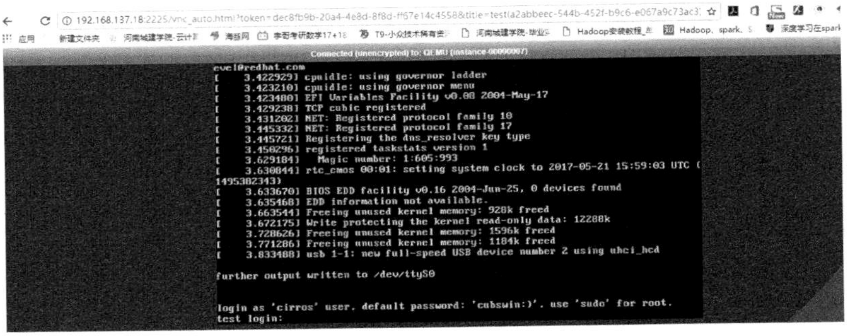

图 2.57 实例成功启动并运行

2.5 错误及解决方案

2.5.1 问题归类

1. 操作系统问题

(1) 在进行安装 Ubuntu 系统的时候,曾经尝试使用手动分区模式将系统进行分区。但是,在进行 Update 操作时出现了一个/boot 空间不足的情况,导致更新的内核无法安装。

(2)系统在更新的时候,无法找到更新源的问题。

2. OpenStack 安装问题

(1)安装 OpenStack 的各个模块的时候会出现一些由于疏忽产生的问题,从而导致在模块安装完毕,进行验证阶段出现错误。

(2)Horizon 安装完毕之后找不到客户机与之交互,或者是无法刷新出页面。

2.5.2 解决方案

1. 操作系统的解决方案

(1)如果出现/boot 空间不足可以选择删掉过时的内核释放空间,之后安装新的内核;或者在安装系统的时候选择自动分区默认不创建/boot 区。经测试,更新无任何问题。

(2)如果在执行 apt-get update 命令的时候出现了 Failed to fetch 的错误,可以选择将 Linux 的更新源设置为国内的镜像站点,一般是不会出现问题的,而且更新速度也会很快。

2. OpenStack 的解决方案

(1)如果出现模块的安装错误,大多数都是配置环节出了一些问题。此时,可以查看 log 日志文件,很方便地找到出错的问题,并将其解决。Ubuntu 的日志文件一般都存放在/vat/log/文件夹里。

(2)无法找到其他的机器来打开 Horizon 平台。在这里有两个办法:第一种,使用虚拟机软件创建一个新的虚拟机,用来当作客户机使用,使用的网卡和 OpenStack 的 NAT 网卡相同;第二种,通过使用端口转发机制,将 10.0.0.11:80 端口转发到宿主机,同时宿主机分配一个闲置端口,通常选择范围是 2000~5000。例如:宿主机的 IP 地址为 192.168.137.18,现在就可以为它分配一个端口号为 2224。这样,在宿主机的浏览器上输入 https://192.168.137.18::2224/horizon 就可以访问云平台的 GUI 界面。如果打不开云平台 Web 页面或者服务器拒绝访问,可以通过查看/var/log/apache2/文件夹里的日志文件查找错误。

2.6 本章小结

本章所配置的云平台是基于 OpenStack Mitaka 的安装文档进行部署，关于 OpenStack 的自动安装并没有详细叙述，因为自动安装差不多是一键安装，并不知道其中安装的具体过程，如果出错，程序员无可奈何。因此，本章选择了手动部署一个云平台，包含了最基本、最核心的内容。

感谢郑杰飞同学在本章中配置云计算平台所做的工作。

第3章 基于本体的多源异构信息融合体系结构研究

随着计算机技术的快速发展,越来越多的客观事物、感知智能设备被接入互联网,大量的数据被传输和存储。客观事物与互联网的连接及通信、大量感知数据的收集和处理,其主要的目标是实现对动态变化的客观环境更好地理解,实现综合智慧服务。只有具备有效集成和融合这些互联网上的数据信息,才有可能实现综合智慧服务的目标。针对云计算环境下的数据信息多源异构性的特点,研究多源异构数据信息融合的体系结构框架,对云计算环境下的信息的处理流程及规范具有重要的启发和引导作用。

3.1 数据采集及数据融合

数据采集及数据融合已经成为当今数据技术研究领域的前沿问题,在科学与技术的许多分支学科,数据获取及数据分析是极其重要的。在大多数情况下,各种各样的原因导致数据以多样的形式存储在不同的地方,商业价值很低而且给应用带来了意想不到的困难。如果在决策过程中,处理不包含具有可用信息的所有可能的信息源,那么会造成结果不正确或者是不完整的,因此,迫切需要用于采集多个源的可用信息的处理过程。在实践过程中,数据采集及数据融合过程是非常具有挑战性的,原因主要有:

（1）信息所储存的地理位置不同，且具有自治性。各个独立的数据源是分布在不同的地理位置的，而且这些数据源具有不同的获取方式，为了从这些数据源中集成及融合数据，对于数据源中允许的操作和操作模式要有深刻的认识。

（2）这些数据源在结构和意义上有巨大差别，每个数据源即便是来自于同一个应用领域，它们的存储模式不同，而且结构也不尽相同。例如，在物联网的感知环境下的数据，各个厂家的传感器收集的数据格式差距很大，目前一直没有定义统一的格式标准，我们必须随时根据各个数据包的不同格式，解决语义和语法上的差异性，然后再集成并融合数据源。

（3）数据源的信息是海量的，而且是动态的。因此，收集所有数据到一个集中的位置来分析已经变得不可行，特别是传感器数据具有海量性和异构性这样的特征。

数据采集及数据融合的主要目的是为用户提供统一的无缝请求接口，用户提出请求后，数据采集及融合系统负责分析这些信息从哪里取得，并如何提取出来呈现给用户。数据采集和数据融合系统允许用户看见全局视图，仿佛从单一的数据源处访问信息。全局视图复制隐藏多数据源的异构性和自治性特征。

3.1.1 数据集成的主要方法及研究现状

随着信息化建设的飞速发展，企业发展呈现出地域分散、管理又相对集中的发展趋势，造成了各个部门之间信息共享困难、大量"信息孤岛"存在的现象，各区域信息在结构、存储模型及格式上存在很大的差异。用户迫切需要将这些分散信息实现共享和互联，因此，数据集成技术的研究就成了一个热点问题。

数据集成着眼于对各种分布式异构数据源的数据抽取、数据变换、数据合并与融合等问题研究，建立一个相对静态的集成环境，对用户提供统一的信息存取接口。目前常用的数据集成方法有虚拟的数据集成方法和数据仓库方法。无论哪一种集成方法，本质问题是解决数据在语法、语义上的异构问题。

1. 异构数据集成主要方法综述

数据集成是数据融合的初级阶段，传统的数据集成方法分为两种：

（1）模式集成方法，利用自定义的全局模式提供一个所有的异构数据源的虚拟视图，数据仍然保留在数据源处。模式集成方法具有灵活性和典型性,它是数据集成的常用方法。

(2) 物化方法,主要是指数据仓库方法。它在查询前将各个数据源的数据复制到统一的数据仓库中,其优点是容易获得较好的集成查询性能,缺点是不能灵活地适应需求变化。

1) 基于模式的数据集成方法

基于模式的数据集成方式是人们最早采用的数据集成方法。模式集成的基本思想是提供一个全局模式上的虚拟视图,使得用户可以按照全局模式透明地访问各个异构数据源的数据。全局模式描述了数据源的语法、语义和操作等,用户直接在全局视图上提交请求,由集成系统处理这些请求,将其转换为针对各个异构数据源的且可以在本地执行的子查询。模式集成过程将异构数据源数据模式做适当的转换后,映射为全局模式。全局模式与数据源模式之间映射的建立方式有两种:全局视图法和局部视图法[16-18]。全局视图法(Global-as-View,GAV)中的全局模式是在数据源视图基础上建立的,它是由一系列对应于各个异构数据源的元素组成,表示该数据源上的操作和数据结构;局部视图法(Local-as-View,LAV)先建立全局模式,然后在全局模式的基础上按一定的规则推理得到数据源的数据视图。

(1) 联邦数据库。

联邦数据库是早期采用的一种模式集成方法,其系统结构如图 3.1 所示。在联邦数据库中,数据源之间共享部分数据模式,形成一个联邦模式。按照集成度分类,联邦数据库系统可以分为松散耦合联邦数据库系统和紧密耦合联邦数据库系统。松散耦合联邦数据库系统没有全局模式,它提供统一的查询语言,由用户去解决异构问题。其优点是数据源动态性能好,自治性强,集成系统不需要维护全局模式。紧密耦合联邦数据库使用统一的全局模式,将各个数据源上局部的数据模式映射到全局数据模式上,这种方法的集成度较高,用户参与相对较少。

(2) 中介器/包装器集成方法。

中介器/包装器集成方法是现阶段比较流行的集成方法,也叫中间件集成方法,如图 3.2 所示。该方法由一个中介器和多个包装器组成。中介器位于数据源层和应用层之间,向上为访问集成系统数据的应用提供统一的数据模式和通用接口,向下协调各个异构数据源。中介器主要集中为异构数据源提供一个高层次的检索服务。与紧密耦合联邦数据库系统一样,中介器方式同样使用全局数据模式,通过中介器提供的统一的逻辑视图来隐藏底层数据细节。

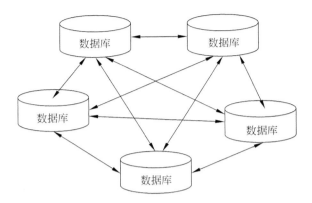

图 3.1 联邦数据库

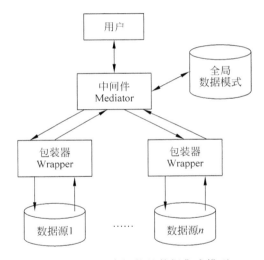

图 3.2 基于中间件的数据集成模型

G. Wiederhold 最早给出了基于中介器/包装器的集成方法构架。中介器/包装器方法不仅可以集成结构化数据源,也可以集成半结构化或非结构化的数据源中的信息。斯坦福大学 Garcia-Molina 等人开发的 TSIMMIS 就是一个典型的中间件集成系统。

2)基于物化的数据集成方法

物化方法数据集成技术中,比较典型的代表是数据仓库[19]。该方法将各个数据源的数据复制到同一处,使得用户可以像访问普通数据库一样访问数据仓库。与传统的操作型数据库不同的是,数据仓库的设计是面向主题的,其中存储的一般是历史数据,设计时人为引入冗余,使用反范式的方式设计。图 3.3 给出了一个典型的数据仓库应用体系结构。

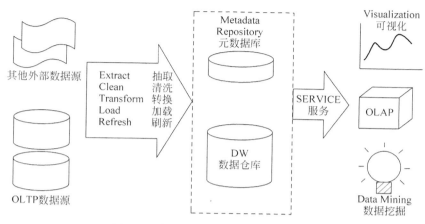

图 3.3　典型的数据仓库应用体系结构

数据仓库具有四个基本性质:

(1) 主题性。

数据仓库中数据是针对特定客观分析领域组织的。这些特定客观分析领域称之为主题。主题是进行数据归类的标准。它不是无序的、泛泛的数据集合,而是按主题的分析而组织起来的特定数据集合。

(2) 时变性。

数据仓库的数据内容随着时间不断变化,具体表现为:需要转存旧的数据内容;不断添加新的数据内容;需要按照时间段对仓库中的有关综合数据进行汇总,或者一定的时间段进行抽样。

(3) 集成性。

数据仓库中的数据是从原先的数据库中按一定的主题和规则抽取出来的。数据仓库中每个主题对应的数据,来源于不同的数据库中,它们之间很可能存在冗余或冲突想象;不同的事务处理系统的数据都与不同的应用逻辑关联,所以,它们之间存在复杂的异构性;数据仓库中的综合数据需要在源数据基础上进一步加工。鉴于以上几点原因,数据在进入数据仓库之前,必须经过清洗和转换。

(4) 只读性。

数据仓库的数据一般是指一段时间内企业的历史数据。数据仓库中的数据是不同时间点的数据快照的集合,基于这些快照进行数据统计、重组和汇总等,而不是联机处理系统中的实时数据。终端用户所涉及的操作主要是数据查询(只读操作)。

由于数据仓库的投资费用大、实施周期长、实施风险大等原因限制了其在中小型企业中的应用。

3) 基于 SOI 的数据集成方法

面向服务的集成(Service-Oriented Integration,SOI)是企业数据集成发展的新方向,它可以定义为:以服务为中心的体系构架中,通过服务的交互来集成各个企业的信息资源,如分布的数据或者应用,帮助企业各部门将已有的零散的系统集成起来,尽可能重用已有的服务或业务流程。

面向服务的集成在 Web Service 框架下,使用 Web 服务协议,对异构数据源创建 Web 服务或服务集,使用 WSDL 描述语言来描述,并向 UDDI 注册中心进行注册。每个 Web 服务或服务集对外提供可以调用的服务接口,用户无需知道服务内部是如何实现的。

SOI 继承并发展了传统的企业应用集成(Enterprise Application Integration,EAI),使用 SOI 的优势在于:

(1) 实现技术和位置的透明。服务提供者的位置和所实现的技术对用户来说是屏蔽的,不需要固定的服务提供者。

(2) 定义了良好的基于标准的接口技术,使得服务描述易于理解。

(3) 灵活性、可重用性。只要服务接口不变,服务提供者和服务请求者都可以变化而不影响彼此。

(4) 渐进式集成。SOI 是将若干已有的应用或数据转换为服务形式来进行集成。随着项目的进行,可重用的数据服务越来越多,从而使新的集成需求可以通过已有的服务来满足。由于服务的灵活性,即使已有的应用迁移至新的平台,也不会影响依赖这个应用所提供功能的其他应用,从而可以保证业务的灵活性。

2. 异构数据集成系统的现状与发展趋势

文献[20]提出了一个访问异构数据源的框架,该框架使用 XML 方案作为规范数据模型来处理请求以及集成来自异构数据源的数据。为了克服被集成数据源的语义异构性,从而便于创建一个统一的异构数据源接口,作者在文献[20]中开发了一个视图集以及从现存数据库到 XML 数据映射,将网络、关系数据库转换成 XML 视图。文献[21]基于请求处理中心(Query

Processing Center,QPC)的异构数据库请求方式的研究中,作者使用了基于虚拟视图的方式,该方式可以将所有用户和数据库连接到 QPC,组成一个星型拓扑结构,根据用户请求,QPC 提供请求服务,源数据库管理模式能够使数据库方便地加入和删除,就像开关设备一样。当一个请求被 QPC 接收,QPC 将检查它的正确性,分解成几个子请求,并把它们转化成数据库格式,融合成最终结果并发送给用户。基于请求处理中心的异构数据库请求方式中指出传统的两种方式:为每个数据库提供一个接口;把所有数据库集成为一个。文献[21]指出了这两种方式的不合适之处,并提出了虚拟视图的方式,虚拟视图可以集成更多的数据库,虚拟视图方式使得数据储存地点保持不变,集成系统只需要提供一个虚拟集成实体以及为该视图提供请求处理机制。

模式集成方法透明度高,可以为用户提供全局视图及统一的查询接口,但是该方法需要系统有较好的网络性能。物化法数据集成在用户使用某数据源之前,预先将其复制到数据仓库中,这种方法大大提高了集成系统处理用户请求的效率,但是该方法实时性较差,不能保证用户获得的数据与数据源的数据保持一致。面向服务的方法为每个数据源建立服务,系统耦合性低,数据源增删容易,但是当大文件传输时,服务的效率会明显降低。各种集成方法各有其优缺点和适用范围,随着研究的深入,越来越多的研究者倾向于融合这些技术,尽量做到互补长短,从而为企业提供更为高效的数据管理。

(1) 虚拟数据集成与数据仓库技术融合。

虚拟数据集成方法一个重要的缺点就是每次查询都要重新计算和获取分布的数据源。应用数据仓库技术来优化虚拟数据集成方法的一个思路:将常用的虚拟数据查询进行预计算处理。

(2) 虚拟数据集成、数据仓库技术与其他数据集成技术的融合。

除了虚拟数据集成技术、数据仓库技术以外,也出现了一些新的、与集成系统的构建密切相关的技术。例如,文献[22,23]采用移动 Agent 作为一种辅助计算用来提高集成系统的性能。这些技术一般不能作为构建集成系统的主导技术。

(3) 虚拟数据集成方法与语义 Web 技术的融合。

文献[24]认为,未来虚拟数据集成系统将会大量采用语义 Web 技术。Web 本体语言 OWL 强调了基于概念术语的体系结构来表达数据的语义,OWL 与资源描述框架 RDF 将会成为形式语义的主要表达语言。

基于以上的分析，可以从两个方法总结数据集成系统未来的发展趋势：融合现有的技术，产生新的、综合型的数据集成方法，必然使得数据集成系统更健壮、可伸缩性、智能性、灵活性；数据集成正在由传统的紧密耦合的模式集成方法向低风险、松散耦合、服务型的数据集成方法过渡，如图 3.4 所示。

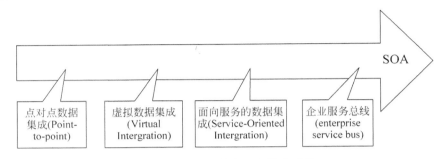

图 3.4　松散耦合集成的模式图谱

3. 利用数据融合技术处理异构数据

数据集成主要是解决异构数据源的模式上的语义差别，为用户提供全局的、一致的语义视图，但它忽略了实例级数据的冲突问题，其结果只是通过简单的排序算法处理，需要用户按照信息排序进行浏览，人工查找正确信息，而信息本身并没有发生任何改变。数据集成过程一般可划分为三个步骤：

（1）数据源的模式集成；

（2）数据的抽取与清理；

（3）数据的合并。

数据/知识融合区别于一般数据集成的地方主要在于数据集成处理数据内涵的不一致，而数据融合侧重于解决数据外延的不一致性。数据集成的结果是抽取到的数据的集合，而数据融合侧重于产生新的数据。作为数据集成的高级阶段，数据融合对分布式数据源中的信息不一致现象进行处理，将多个冲突的实例信息统一为一个知识体。

3.1.2　信息融合的基本理论

1. 信息融合的定义

信息融合[25,26]一般定义为：利用计算机的计算能力对多个传感器采集的具有时空特征的数据在一定规则指导下进行的自动综合处理，以实现特定任务的全面的推理和评估的处理过程。本书所研究的信息融合的基础设施是多传感器及网络,应用对象为多传感器数据信息,过程是综合分析,目标是符合特定要求的推理和评估。即,信息融合就是将通过采集获取的多源数据信息进行综合分析,保证一定的数据质量的情况下提高对推理和评估结果的可靠性,从而发现某些事物之间的联系。综合前人定义,信息融合可理解为在一定的模型下,运用数学方法和技术工具,通过整合多源异构信息,从而获取高品质的有用知识,为决策提供服务。

目前,绝大多数的科技进步都是模拟人类器官实现智能化信息处理。信息融合也是基于这样的目的为人们所认识、学习和研究。如视频摄像头是对人的眼睛具有的视觉能力进行延伸,声音传感器是对人的耳朵具有的听觉能力进行延伸,各类气体传感器是对人的鼻子具有的嗅觉能力进行延伸,压力传感器、接近传感器等是对人的皮肤具有的触角能力的延伸。也就是说,对客观事物感知而部署的传感器系统,它们对客观事件具有类人的感知能力,甚至更加强大的感知能力。整个传感器系统的管理中心和数据中心就相当于人的大脑,根据这些感知能力获取的信息,结合已有的知识,对客观环境进行认知,并对环境中客观事物的发展进行推理和预测。

2. 信息融合的分类

信息融合理论研究涉及众多的理论基础,根据数据源之间的关系[25,26],可以将信息融合分为:

(1) 互补融合:对多角度、多方面、多方法的观测所采集到的数据信息进行累加,得到比单一方法或角度更丰富、更完整的数据信息的过程。

(2) 冗余融合:当多个数据源提供了相同或相近的数据信息时,融合冗余的数据信息,从而得到较为精练的数据信息的过程。

(3) 协同融合:多个独立数据源所提供的数据信息,进行综合的分析,产生一个更加复杂、更加准确的新的数据信息的过程。

根据数据信息抽象层次关系,可以将信息融合分为:

(1) 数据级融合:直接对观测原始数据应用融合计算,由于底层数据包含最多的信息量,使其融合结果失真度小,融合结果质量更佳。但由于是原始数据,其中存在大量冗余信息和不确定性,融合计算较为困难。它是低层次的融合。

(2) 特征级融合:首先,完成对观测原始数据特征的选择,而后对基于这些特征进行综合性分析,特征级融合可通过特征的约简来实现对数据的化简,利于高效计算,属于融合的中间层次。

(3) 决策级融合:根据特定原则所实现的高层次的优化决策推理过程。

从算法角度大致可以分为两个大类[26]:概率统计方法与人工智能方法。其中概率统计方法主要是以 Bayes[27-30] 及其变形方法为代表;人工智能方法中 Bayes 估计[31,32]、D-S 证据推理[33-36]、模糊理论[37-41]、神经网络[42-44]占整个信息融合算法的 85%,而支持向量机[45,46]、遗传算法[47]、粗糙集[48-51]等机器学习方法也已经在信息融合中应用。

1) 概论统计方法

Bayes 公式提供了事件的先验概论,给定事件的先验概论、事件条件下观测的条件概论以及时间的后验概率三者之间的关系表达式。基于 Bayes 理论的信息融合技术根据观测的证据来更新时间发生的概率,即用新的消息来更新时间的先验概论实现信息的融合,主要包括基于 Bayes 理论的多传感器决策信息融合[27-30]以及基于 Bayes 网络的信息融合[31,32]。基于 Bayes 理论的多传感器决策信息融合中,每个传感器对一个未知的实体提供一个对象身份的假设(决策)$D_i, i=1,2,\cdots,m$,利用 Bayes 公式组合 D_i,则提供了对每个可能实体 O_j 的一个更新后的后验概率:$P(O_j|D_1,D_2\cdots,D_m), j=1,2,\cdots,n$,选取具有最大后验概率的目标作为识别的结果,即 $O_j = \arg\max_{1\leqslant j\leqslant n} P(O_j|D_1,D_2,\cdots,D_m)$。Bayes 网络是 Bayes 方法的扩展,采用基于网络结构的有向图模式表示不确定变量集合的联合概率分布,反映变量间可能的依赖关系。基于 Bayes 网络的多传感器信息融合把多传感器系统建模成一个 Bayes 网络,先计算网络中所有节点的联合概率,再计算更低阶的联合概率,最后利用 Bayes 计算后验概率,选择后验概率最大的假设为真。针对许多实时应用领域如军事,受到时间资源的限制并且需要快速做出决策,基于动态 Bayes 网络展开了对主动信息融合的研究。主动信息融合可在实现选择对所求解的问题最优信息价值的信息源的同时,还能确保最小化的融合成本(包括计算复杂度以及获取信息所需要的资源)。首先估计 t 时刻各个数据源对 $H(t)$(表示 t 时刻需要确认的假设)的不确定性的减少量的上限,计算出 t 时刻各个数据源所期望的效能,从而选择数据源的集合 $A(t)$,计算 $H(t)$ 的置信水平

$$P(H(t)|A,(t),\hat{H}(t-1)) \tag{3.1}$$

存在某个状态 h_j 满足

$$\max \max_{k=1}^{n_h} P(H(t)=h_k|A(t),\hat{H}(t-1)) \geqslant \alpha, \tag{3.2}$$

则最终决策是

$$H(t) = h_j \quad (3.3)$$

为真。

概论统计方法具有诸多优点：具有公理基础，表示直观、易于理解、计算复杂度低，但是它最大的缺点在于需要比较多的先验信息，在无测量信息的情况下，只能对 Bayes 公式中的先验概论进行初始估计，适用条件比较苛刻。

2) 人工智能方法

人工智能主要任务就是实现计算机对于人的某些学习、思维过程和智慧的形成的模拟，而信息融合的一个重要目标也是对人脑的事态综合处理能力的模拟，因此人工智能方法将在信息融合领域拥有广阔的应用前景，目前常用的方法有 D-S 证据推理、模糊集合论、神经网络、支持向量机、遗传算法、粗糙集理论等信息融合方法。

(1) 基于 D-S 证据推理的信息融合方法。

D-S 证据理论[33,34]类似于 Bayes 推理，用先验概论赋值函数来表示后验的证据空间，量化了命题的可信程度和似然数。在多传感器系统中，由于传感器对目标感应数据的精度误差、系统内部构造与运行因素、外部环境条件以及数据传输的可靠性等因素的影响，导致系统具有不确定性，D-S 证据理论是一种不确定性推理能力的数学理论，基于 D-S 证据理论可以给出一种解决不确定性的数据融合的方法[35,36]。基于 D-S 证据推理的信息融合中，把各传感器采集到的信息作为证据，建立相应的基本概率分配函数（或信任函数），在同一辨识框架下利用证据理论的合成公式将不同的证据合成一个新的证据，进而根据判别规则进行决策。D-S 证据理论的判别准则没有统一的一般性理论，根据具体的问题选择不同的方法，常用的有基于规则和类概率函数的方法。基于 D-S 证据推理信息融合的系统结构主要有：单传感器多测量周期的时间域信息融合、多传感器单测量周期的空域信息融合以及多传感器的多测量周期的时间和空域的信息融合。

(2) 基于模糊集合论的信息融合方法。

模糊集合论是普遍集合论的推广，主要用来描述不精确的、模糊的概念，从而成功地应用于信息融合领域。模糊集合论在信息融合上的应用主要有：基于扩张原则的多传感器测量信息融合[37,38]、基于模糊逻辑的多传感器测量信息融合[39,40]以及基于可能性理论的信息融合[41]。

基于扩张原则的多传感器测量信息融合：多传感器测量信息融合可以转

化为模糊集合的融合(模糊数的融合),即从模糊输入 $\tilde{A}_1,\tilde{A}_2,\cdots,\tilde{A}_n$ 中计算出融合的模糊集合 $\tilde{B}=F(\tilde{A}_1,\tilde{A}_2,\cdots,\tilde{A}_n)$,其中,$F$ 为所采用的融合方法,这里采用基于扩张原则,把普遍的数据融合函数(如算术平均函数)推广到模糊数。

基于模糊逻辑的多传感器测量信息融合:将多传感器测量信息作为模糊逻辑系统的输入,模糊逻辑系统的输出作为融合的结果,其中核心是建立模糊规则库。模糊规则库用来表示专家知识,由若干模糊规则构成,是模糊推理的基础,一般采用"if-then"形式,系统一般由四个部分组成:模糊产生器、模糊规则库、模糊推理机以及反模糊化器。

基于可能性理论的信息融合:可能性理论主要用来表示和处理不确定性信息,能够合成不同的数据源,以提高信息的质量。基于可能性理论的信息融合就是融合多个可能分布 $\pi_1,\pi_2,\cdots,\pi_n$,以得到一个高质量(可靠性和精度)的全局可能性分布 π,融合规则大多采用 t—模算子和 s—模算子来实现模糊交运算和模糊并运算,主要包括:基于模糊交运算的融合规则、基于模糊并运算的融合规则、自适应融合规则、非对称融合规则,以及基于可靠性指数的融合规则。

(3) 基于神经网络的信息融合方法。

人工神经网络是对人的神经系统结构和功能的模拟,从而完成从信号变成信息的转换功能。基于神经网络的信息融合方法主要利用神经网络强大的分类学习能力,事实上是一个可通过学习给出一定分类能力的融合分类器。基于 BP 神经网络的传感器数据融合一种多层前馈网络,神经元的传递函数采用 S 型函数,学习算法采用误差反向传播的梯度下降算法,在学习中,把输出节点的期望输出和实际输出的均方误差,逐层向输入层反向传播,采用梯度下降算法调整各连接权值,使得均方误差达到最小。

(4) 基于支持向量机(SVM)的信息融合方法。

SVM 是一种基于统计理论的机器学习方法,根据结构风险最小化原则,在经验风险和模型的复杂度之间折中,具有全局最优且泛化能力强、与维数无关等优点。基于 SVM 的传感器数据融合首先由多个信息源的输入形成特征向量 F,由于使用多信息源带来的信息冲突、不一致性和不完整性等问题,导致 F 一些分量不能获得,需要经过数据不完整性的修正用来完善输入向量,经过修正的特征向量 F' 经 SVM 分类器执行分类处理。

(5) 基于遗传算法的信息融合方法。

此外,采用遗传算法对信息融合系统进行参数的优化以及特征的选择,主要是利用非可加集合函数产生的非线性积分；模糊—遗传信息融合方法利用模糊集成函数进行推理、组合信息，其中算子的参数通过遗传算法获得。

（6）基于粗糙集理论的信息融合方法。

粗糙集理论是一种处理不确定性问题的数学工具，该方法的核心思想是利用对象集合的方式来对知识不确定性程度进行表示和处理。

基于粗糙集理论的规则提取的一般过程：构建由采集到的样本数据按属性组成决策信息系统；计算由现有知识的区分识别能力，及粗糙集中定义的下近似集合、上近似集合、边界域以及负域；计算能够保持这种辨识区分能力的约简属性集，得到简化的信息表；在简化信息表的基础上，计算出具有一定可信度的简洁的规则。在整个规则提取过程中，由于没有先验专家知识，一种完全基于现有数据信息的客观的数据处理方法。

基于人工智能的信息融合方法优势在于此类方法具有较强的学习能力和自适应能力，易于实现不受主观影响的信息的融合过程；缺点是运算量比较大，规则建立困难或学习时间长，很难满足对信息融合时效性和时空敏感性、及时进行决策提供实时控制的要求，并且不容易实现。

3.2 语义 Web 技术

3.2.1 语义 Web 体系结构

1998 年 Tim 等人首先提出了语义 Web 的概念，Tim Berners-Lee 在 XML2000 大会上描述了这个体系结构，他认为语义 Web 并不是孤立的，而是当前 Web 的延伸，它的核心是：通过将万维网的各类数据、信息资源，注释能够被机器理解的带有语义性的元数据（Meta data），从而使整个互联网中的信息富含一定机器可以理解的语义，实现人与机器、机器间能够更好地实现信息的共享与协作。

语义 Web 的目标就是让机器能理解 Web 上的信息，以实现机器对 Web 上的信息资源进行智能化处理。语义 Web 的体系结构如图 3.5 所示。

语义 Web 的体系结构包括七层，从底层到高层依次为：Unicode（统一字符编码）与 URI（Universal Resource Indicator，统一资源定位符）、XML、RDF 和 RDF Schema（简称 RDFS）、本体（Ontology）、逻辑（Logic）、证明（Proof）、信任（Trust）。在语义 Web 七层结构中的 XML、RDF 和 Ontology

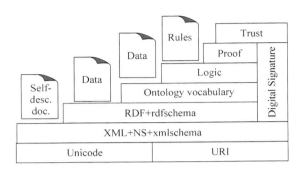

图 3.5 语义 Web 的体系结构

三层,主要用于表示 Web 信息的语义,因而是系统的核心和关键所在。数字签名(Digital Signature)用来检测文档是否被篡改过,以证实其真实可靠性。

(1) 第一层是 Unicode 与 URI,是整个语义 Web 的基础,它解决 WWW 上资源的定位和跨区域字符编码的标准格式问题。其中 Unicode 负责处理资源的编码,保证使用的是国际通用的字符集,实现网络信息资源的统一编码。而负责标识资源 URI 是 URL(Universal Resource Locator)的超集。作为 Internet 资源的一种标准识别方法,URI 可以更为精确地标识资源,使得信息的精确检索成为可能。

(2) 第二层是 XML+NS(NameSpace)+XML Schema,是 XML 及其相关技术层。它主要是通过 XML 标记语言将网上资源信息的结构、内容和数据的表现形式进行分离,确保语义 Web 的定义。XML 让用户根据需要自定义一些"有意义"标签,对所发布信息的内容进行标记,并使用文档类型定义(Document Type Definition,DTD)或 XML Schema 来约束这些标签的结构。这种机制用于从语法上表示数据的内容和结构,可以通过使用标准的格式化语言将 WWW 上的信息资源的表现形式、数据结构和具体内容分离。

(3) 第三层是 RDF+RDF Schema,其提供的语义模型用于描述 Web 上的资源极其类型,为网络资源描述提供了一种通用表示框架和实现数据集成的元数据解决方案。RDF 本身并没有规定语义,但是它为每一个资源描述体系提供一个能够描述其特定需求的语义结构的能力。从这个意义上来说,RDF 是一个开发的元数据框架。这个元数据框架定义了一个数据模型,可以用来描述机器能理解的数据语义。RDF Schema 规范用 RDF 进一步定义了建模原语,提供了 RDF 模型中使用的一个级别类型系统。

(4) 第四层为 Ontology Vocabulary 层,用来描述各种资源之间的联系,本体扩展了 RDF/RDFS，揭示了资源本身以及资源之间更为复杂和丰富的语义信息，从而将信息的结构和内容相分离，对信息做完全形式化的描述，使得信息具有计算机可理解的语义。

（5）第五层为 Logic 层，主要提供公理和推理规则，为智能服务提供基础。

（6）第六层为 Proof 层，用来在 Logic 层之上进行更为复杂的证明和推理。例如为了满足逻辑层的各种断言和公理的使用条件而进行的证明过程。

（7）第七层为 Trust 和跨越多层的数字签名（Digital Signature），注重于提供认证和信任机制，使用户代理 Agent 在网络上实现个性化服务和彼此间交互合作具有可靠性和安全性。虽然公钥密码技术已有很长时间的历史，但是还没有真正广泛应用，如果加上语义 Web 各层支持，使一个团体在一定范围内可信任，就实现了 Trust 层，这样能使一些诸如电子商务等重要应用可以进入到语义 Web 的实用领域。

语义 Web 体系结构中，核心层是 XML、RDFS、Ontology，目前 XML＋NS＋XML Schema、RDF＋RDF Schema、Ontology Vocabulary 层 W3C（国际万维网同盟）已相继发布了相应的技术标准。XML、RDF 是本体描述 Web 信息资源语义的基础，提供了本体描述 Web 资源的概念及其间关系的语法和框架，为机器能够理解利用本体所描述的信息资源语义提供了技术基础；Ontology 主要研究 Ontology 的建立及其表示和使用；Logic 是在这三层的基础上进行推理，这种推理是按照一定的规则，根据本体描述的已有条件，推理出本体定义的结论，并通过数字签名技术使得这个结论在一定范围内是可以信任的。

总之，本体是实现语义 Web 的关键，语义 Web 环境下的应用本质就是在本体对 Web 信息资源及其间的语义关系的表达基础上，对其进行逻辑推理，得出某种可以信任的结论，因此当前对语义 Web 的研究和应用本质上是对本体的研究和应用。

3.2.2　本体

语义技术重要的组成部分包括：本体、数据标注、关联数据、查询与推理和语义网服务等。

1. 本体概念

Ontology 最早属于哲学范畴,它被定义为"客观存在的一个系统的解释和说明,客观现实的一个抽象本质",后来被应用于人工智能领域,研究人工智能的 Neches 等人将本体定义为"给出构成相关领域词汇的基本术语和关系,以及利用这些术语和关系构成的规定这些词汇外延的规则的定义"[67]。这个定义实际上给出了构建本体的过程,即:找出基本的术语和术语间的关系及其对应的规则,然后给出这些术语和关系的定义。在计算机界,1993年,Gruber 给出了本体的一个最为流行的定义,即"本体是概念模型的明确的规范说明"[68],后来,Borst 对此稍作修改,提出"本体是共享概念模型的形式化规范说明"[69]。本体[52,53]是共享概念模型明确的形式化规范,包含四层含义:概念化、明确化、形式化和共享性。

(1) 概念化,通过抽象出客观世界中的一些现象的相关概念而得到的模型,概念化所表现的含义独立于具体的环境状态。

(2) 明确化,所使用的概念及其应用这些概念的约束都有明确的含义。

(3) 形式化,本体是计算机可读的(即能被计算机处理)。

(4) 共享性,本体中体现的是共同认可的知识,反映的是相关领域中公认的概念集,它所针对的是社会范畴而非个体之间的共识。

除了上述定义以外,不少文献从不同的领域和角度出发对本体给出了各种各样的定义,这些定义之间是相互补充的,并且不断地扩充了本体的应用范围,但是它们的共同点都包含了 Gruber 定义中所指出的事实:"本体是反映客观存在的概念模型,是对概念模型的明确描述"。

本体的目标是捕获相关领域的知识,提供对领域知识的共同理解,确定该领域内共同认可的词汇,并从不同层次的形式化模式上给出这些词汇(术语)和词汇之间相互关系的明确定义。目前 Ontology 已经在人工智能、计算语言学以及数据库理论中占有重要的地位。并且在知识工程、知识表示、定性模型、语言工程、数据库设计、信息模型、信息集成、基于对象的分析、信息检索和析取、知识管理和组织、基于智能代理的系统设计等研究领域中得到认可和应用,并具体应用到企业集成、自然语言翻译、医学及医学工程、产品信息标准化、电子商务以及各种信息系统等。

2. 物联网中的本体

物联网中的本体技术可以完成对物联网中的各种概念的统一形式化描述,完成各类模型的建模。语义注释能够根据已有描述模型对传统的各种形式的信息添加注释元数据,通过描述模型及元数据中的语义来体现数据信息的语义性。关联数据[53]是通过语义注释生成,使用关联关系对内部数据信息及外部资源进行相互连接的数据信息组织形式。通常以 XML、RDF 及 OWL 形式表示。语义查询与推理[54]技术是能够通过一定的原则或协议完成对网络数据的检索。语义推理是指由于数据是以资源之间的关系模型进行建模的,通过某些外部信息,能够自动推理出数据之间信息的关系的过程。语义网服务[52]将所有各种类型的物理事物、数据信息及服务均看作是资源的形式,通过统一资源标识符(URI)命名,并通过 HTTP 协议以资源的形式通过 URI 在互联网上访问,实现资源共享。

3.2.3 本体描述语言

本体所包含的概念以及概念之间的关系是一种知识模型,它必须与特定的领域和描述语言相关联才能表示 Web 上的信息资源。目前,W3C 组织推荐的与本体相关的标准语言主要有 XML、RDF/RDFS 和 OWL。本书将其统称为语义 Web 描述语言。其中 XML 和 RDF 是规定了语义描述的语法和结构,主要用于对信息资源的知识归纳和描述;RDFS 和 OWL 规定了本体形式化所使用的关键词汇,主要用于对本体的定义归纳和描述。OWL 是 W3C 组织最新的推荐标准,发布于 2004 年 2 月。实际上,语义 Web 描述语言经历一个逐渐演变的过程,如图 3.6 所示。

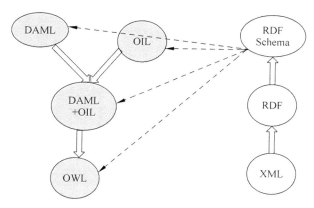

图 3.6 语义 Web 描述语言的演化

由图 3.6 所示,所有的描述语言都是基于 XML,其他的语言都是在 XML 语言的基础上在语义描述能力上的完善和扩充。在 RDFS 上扩展语言应注意以下几点：

（1）语法相同，语义扩展。主要是指 RDF Schema 在 RDF 之上扩展了语义。

（2）语法相同，语义不同。主要是指 RDF 的语法是基于 XML 的，但是语义与 XML 完全不同。

（3）OWL 如何扩展 RDFS。这个问题的困难在于 RDFS 的非经典模型论语义。目前它的解决方案有：OWL Full 能够做到与 RDFS 语法和语义上完全兼容，而 OWL Lite 的语法与 RDFS 相同，语义采用经典模型论语义。

以下几节将对主要的几种语言进行简要介绍和说明。

1. XML

XML 与 HTML 一样，是 SGML 的一个简化子集，实现了文档的显示和数据分离，具有很好的可扩展性，是目前 Web 数据交换的语法格式。XML 提供 DTD、XML Schema 对文档结构进行有效性验证，通过描述/约束文档逻辑结果实现数据的语义，XML 对本体的描述，就是利用 DTD 或 XML Schema 对本体所表达的领域知识进行结构化定义，然后再利用 XML 文档结构和 XML 内容之间的关系对本体知识进行描述，从而提供对数据内容的语义描述，如图 3.7 所示。

图 3.7　XML 形式化领域本体表示概念语义信息过程

由于 DTD 本身描述能力有限，没有数据类型的支持，约束定义能力不足，无法对 XML 实例文档做出更细致的语义限制等，因此，通过 DTD 表示的本体，无法表达概念间的继承关系，并不能完全满足 XML 自动化处理的要求。XML Schema 虽然解决了 DTD 存在的问题，如定义了更为丰富的语法结构、元素类型、提供了集成机制等，但是 DTD、XML Schema 为 XML 文档提供的约束机制只是用限定的 XML 文档所用到的标记和这些标记之间的结构关系，通过 DTD 和 XML Schema 可以解决对数据的词汇和用途的说明，其语义仍然是隐含的。因而 XML 所表示的本体是轻量级的本体，只能保证人们使用相同的词汇,是一种较低层次的本体应用,本体中不包含有用的语义信息。

2. RDF 和 RDFS

RDF 已经成为 W3C 的建议。RDF(Resource Description Framework,资源描述框架)是元数据处理和操作的基础。它提供了应用程序协同工作能力。语义 Web 处理的是具有固定格式的信息,所谓的固定格式就是指 RDF,只有用 RDF 描述资源信息,才能使应用程序可以更好地识别 Web 信息。元数据是关于数据的数据,是对资源和内容进行描述的数据。RDF 是描述 Web 资源的元数据,属于语义 Web 中的元数据层,是关于任何网络资源的元数据框架。

RDF 是一种使用开发工具的方法,是一种通用语法描述网络资源的应用,并不是一种新的语言,它使用内置 XML 语法描述元数据,也就是 XML 提供了 Web 数据编码的语法依据,RDF 保证应用程序能理解和识别 Web 上的元数据信息。RDF 数据模型主要成分是资源、资源属性和陈述,其基本的 RDF 数据模型如图 3.8 所示。

图 3.8 RDF 数据基本模型

(1) 资源(Resource):资源可以是任何的 Web 资源,即能够通过 URI 命名的 Web 资源,包括:网络可访问的资源(如网页、XML 文档元素、图片、数据库、Web 服务等),网络不可访问的资源,如具体的物理对象(人、公司、图书馆装订成册的书籍)和抽象概念实体(作者)等。

(2) 属性(Property):属性是描述某个资源的性质、特征、属性或关系,如信息生成者、题名等,同时属性也可能是资源,属性也有可能是自己的属性。

(3) 陈述(Statement):陈述是有关具体资源对象特性的具体描述,包含了资源、属性和属性值,陈述也可能是资源,也可能有自己的属性。陈述通常可用形如<S,P,O>三元组来描述,其中 S 表示一个待描述的资源对象,P 表示该资源的特定方面或刻面(Facet),O 则表示该资源 S 在特性 P 上的取值,O 可以是其他的资源对象,也可以是平凡文字,如字符串等。

任何复杂的系统都可以通过合理的分解操作,简化成一组三元组(或陈述)的集合。RDF 是基于这样一种思想的:被描述的事物(Resource)具有一些属性(Properties),而这些属性各有其值(Values),资源可以通过枚举该资源的相关属性及属性取值来描述。RDF 通过特定的术语来区分陈述中的各个组成部分,确切地说,在陈述中用于识别资源对象的部分则称之为陈述的主体,而用于表示各个属性取值的部分叫作陈述的客体。基于 RDF 的资源描述是由若干条资源陈述(Statement)组成,并把这些陈述用特定的语法(如XML 等)表示出来。

图 3.9 描述了资源 https://www.domain.com#WebOfThings 的相关信息,图中的资源采用三元组的形式描述(见图 3.10)。

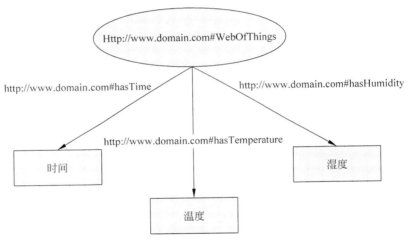

图 3.9 关于资源的陈述

<http://www.domain.com#WebOfThings,domain:hasTime,"时间">
<http://www.domain.com#WebOfThinsg,domain:hasTemperator,"温度">
<http://www.domain.com#WebOfThing,domain:hasHumidity,"湿度">

图 3.10 描述相应资源的三元组

图 3.9 中的每一段弧对应于一个资源陈述(即三元组描述),弧的起始点和终止点分别对应于陈述的主体和客体,为表示的方便,采用了前缀的表示方法,其中,domain 表示 https://www.domain.com。

为了数据描述和程序处理的规范性,RDF 通常采用一种名为 RDF/

XML 的 XML 语法来书写和交换 RDF 陈述,与 RDF 的简略记法——三元组(triples)所不同的是,RDF/XML 是书写 RDF 的规范性语法(normative syntax),要求严格符合 XML 书写规范,上图的 RDF/XML 语法描述如图 3.11 所示。

```
<?xml version='6.0'?>
<rdf:RDF smlns:rdf="http://www.w3.org/1999/02/22-rdf-symtax-ns#">
    xmlns:domain="http://www.domain.com">
    <rdf:Description rdf:about="http://www.domain.com/#WebOfThings">
        <domain:hasTime>时间</domain:hasTime>
        <domain:hasTemperatue>温度</domain:hasTemperature>
        <domain:hasHumidity>湿度<domain:hasHumidity>
    </rdf:Description>
</rdf:RDF>
```

图 3.11 描述相应资源的 XML 表示

上例中陈述的资源 https://www.domain.com#WebOfThings 的时间点、温度和湿度等信息,但是计算机无法理解有关 domain：hasTemperature、domain：hasTime、domain：hasHumidity 的具体语义信息,也就是说 RDF 并没有定义为任何一个特定领域的语义,即没有假定某个论域,它只是提供了一个与领域无关的机制来描述元数据,还需要使用其他工具来描述领域相关的语义。

这种工具就是 RDF Schema,RDFS 是对 RDF 的一种补充。RDFS 定义了类和性质,这些类和性质可以用来描述其他的类和性质,从而增强了 RDF 对资源的描述能力。RDFS 主要完成以下两个工作：

(1) 描述类与它的子类之间的关系,可用于定义某个特定领域的分类方法。

(2) 定义类的性质。

也就是说,RDFS 提供了一些建模原语,用来定义一个描述类、类和类之间的关系的简单模型。这个模型就相当于为描述网上资源的 RDF 语句提供了一个词汇表。可以说 RDFS 是 RDF 的类型系统,它解决了 RDF 的问题,提供了一种机制来定义领域相关的属性以及用于使用这些属性的资源类。

3. OWL

(1) OWL 简介。在语义 Web 体系结构中,RDF 上层是本体语言,用来形式化描述 Web 文档的概念术语，赋予 Web 信息明确的含义，使得 Web 上信息处理和集成的自动化更为容易，因此该语言比 XML、RDF 和 RDFS 有更强的表达能力。OWL 被设计满足 Web Ontology 语言的需要，成为 W3C 公布的语义 Web 标准的一个组成部分。

OWL 语言是一个定义和示例 Web 本体的语言，是 RDF 的扩展，它既是 Web 标识语言，又是本体描述语言，在 Web 上发布和共享本体。和 XML Schema 相比，OWL 语言是知识表示，不是信息表示格式；和 RDFS 相比，OWL 不仅可以用更复杂的方法描述类，而且扩展了 RDFS 属性，允许表示属性的 transitive、symmetric 及 functional 性质，表达了更强的概念语义信息，支持描述逻辑推理。OWL 语言提供了三种表示能力不同的子语言 OWL Lite、OWL DL、OWL Full，分别满足不同组织团体和用户。

（2）OWL Lite、OWL DL、OWL Full。

OWL Lite 用于提供给那些只需要一个分类层次和简单约束的用户。例如，虽然 OWL Lite 支持基数限制，但只允许基数为 0 或 1，提供支持 OWL Lite 的工具应该比支持其他表达能力更强的 OWL 子语言更简单，并且从辞典（thesauri）和分类系统（taxonomy）转换到 OWL Lite 更为迅速。像此 OWL DL、OWL Lite 还具有更低的形式复杂度。

OWL DL 还用于支持那些更强表达能力又需要保持计算完备性（computational completeness，即所有的结论都能够确保被计算出来）和可判定性（decidability，即所有的计算都能在有限的时间内完成）的本体描述。OWL DL 包括了 OWL 语言的所有语言成分，但在使用时必须符合一定的约束。例如，一个类可以是多个类的子类时，但它不能同时是另外一个类的实例，OWL DL 这么命名是因为它对应于描述逻辑，它是一个眼睛作为 OWL 形式基础的逻辑的研究领域。OWL Full 支持那些需要尽管没有可计算性保证，但有最强的表达能力和完全自由的 RDF 语法的用户。例如，在 OWL Full 中，一个类可以被同时看作许多个体的一个集合以及本身作为一个本体。它允许在一个本体增加预定义的（RDF、OWL）词汇的含义。目前，还没有推理软件能支持对 OWL Full 的所有成分的完全推理。这三种子语言之间的关系是：

① 每个合法的 OWL Lite 都是一个合法的 OWL DL；
② 每个合法的 OWL DL 都是一个合法的 OWL Full；
③ 每个有效的 OWL Lite 结论都是一个有效的 OWL DL 结论；
④ 每个有效的 OWL DL 结论都是一个有效的 OWL Full 结论。

根据三种子语言的特点,在已定义领域知识的基础之上,目前 OWL Lite、OWL DL 能够实现对 Web 信息资源的语义描述,并保证机器对资源语义描述的正确理解和根据语义进行正确的推理,本书对 OWL 语言的分析主要基于 OWL DL。OWL DL 作为一套完整的形式化体系包括语法描述和语义推理两部分,语法保证了数据共享的数据格式的统一,语义推理机制解释了概念的隐含意义,从而保证机器对信息资源的智能自动化处理。

3.2.4 "语义"角度下的物联网

"语义"角度的物联网[57-59]是由语义技术和 Web of Things[60]结合发展而来,是对物联网概念的进一步深化与发展。"语义"角度的物联网体现了以数据为中心的物联网理念。

Web of Things 使用 URIs 来标识资源,这些资源是存在的事物、信息和服务等,各类资源之间可以通过相关链接相互连接,构成资源网络。从而,一个具体的应用可以通过这样的资源网络来检索和访问完成该应用的功能所需要的资源[61]。但是,在这样的以智能设备传感的数据和 Web 上的数据与知识为基础构建的资源网络中,由于异构性导致数据的集成与融合不能很好地完成,阻碍了资源之间的协作。如果每一个物联网应用的开发都要求特定的异构问题解决方法,那么物联网应用的开发将面临效率低下的风险,这样的资源网络,虽然可以相互访问,但是一个相对静态的网络,并没有真正地构建一个可以协同的物联网环境。

"语义"角度的物联网将语义技术[57]引入 Web of Things 中,尝试利用语义来解决网络中信息资源的异构性问题。语义技术通过一些标准化的资源描述模型来实现 Web of Things 中异构信息资源之间语义互操作性。通过该方法,异构资源之间可以相互理解各自表达的含义,从而更好地协同完成服务,解决信息资源的"孤岛"问题。

语义技术在物联网中的应用,实现了对大量的物联网数据信息的集成和融合,实现对数据信息所构建的情景上下文信息的存放、管理与处理。以此为基础,构建一个与客观世界中的"物"及其所处的情景的严格映射,构成一个物联网的智能空间。语义技术在物联网中的应用,不仅使得一个面向应用的资源网络成为可能,还使得机器能够开始理解数据所表达的含义。这样一来,在没有人类干预的情况下,机器可以自动完成对信息的处理,机器之间也能相互理解对方含义和处理信息。

"语义"角度的物联网的根本任务[26]是,在巨大的数据资源网络中,实现实际原始数据与这些数据所表达的含义相分离,并对这些数据和信息进行管理与处理。其根本目的是实现一个真正广泛互联互通的可自由协作的资源网络,使得人与物、物与物之间充分的通信连接和信息共享,并且使得数据信息在物联网中的自由流动成为可能。"语义"角度的物联网体现了以数据为中心的物联网理念。

3.2.5 知识融合

知识融合(Knowledge Fusion)是知识科学与信息融合的交叉学科,通过对分布式数据和知识库等信息源的智能化处理,可以获取可用的新知识,知识融合中的许多算法是基于信息融合的,因此,本书首先对信息融合的概念进行了简单的介绍,然后在此基础上引入知识融合,对其研究现状、已有融合算法及其在数据集成方面的应用进行了研究,并在此基础上,提出了自己的融合系统。

1991年,由美国国防部成立的数据融合联合指挥实验室(Joint Directors of Laboratories,JDL)提出了一种数据融合模型[80]。该模型已经成为美国国防信息融合系统的标准,许多信息融合的研究都是基于此模型(见图3.12)。

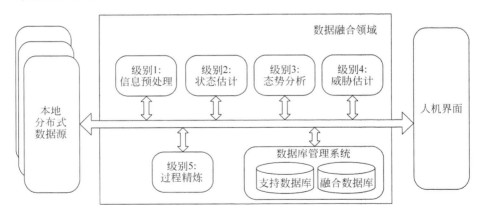

图 3.12 JDL 数据融合基本模型

1. 信息预处理

预处理过程，根据当前形式确定数据处理的重点。

2. 状态估计

将目标的特征、参数和位置信息综合，提取目标的表征。

3. 态势分析

综合分析利用各种信息，将目标和事件融入背景描述，确立目标各自的含义和联系。

4. 威胁估计

推断敌方的威胁程度、行动方案以及我方可能采取的最佳行动方案。

5. 过程精炼

不断修正上述估计，评价是否需要其他信息补充，是否需要通过修改处理过程本身的算法等来获取更加精确可靠的结果。

从处理对象的层次来看，第一级属于低级融合，它是由经典信号检测理论发展而来，是最近几十年开始研究的领域，目前大多数传感器信息融合系统不存在这一级，仍然为集中式检测，不是分布式检测。第二、第三级属于中间层次，是重要的两级，它们是进行态势评估和威胁估计的前提。第四、第五级是决策级融合，即高级融合，包括对全局态势发展和某些局部形式的估计。

知识融合（Knowledge Fusion）的研究源于知识工程，是知识科学与信息融合的交叉学科，通过对分布式数据库、知识库和数据仓库等信息源进行智能化处理，对知识进行转化、集成和融合，以获取有价值或可用的新知识[81]。与信息融合不同的是，知识融合的主要研究对象为知识，从实现的角度来看，知识融合中要通过算法对多个知识层信息进行融合，得到在某种意义上具有不同表达方式的新知识信息，所以它也可以隶属于信息融合的研究范畴。知识融合多采用的实现技术源于信息融合。

目前国内外对知识融合的定义和体系结构没有形成统一的认识，较为经典的是欧洲多个研究机构和大学共同参与开发的 KRAFT 项目（Knowledge Reuse And Fusion Transformation）[82]。该项目主要采用 Agent 决策技术和中间件技术，对不确定知识进行表示、推理和重用，与现有的集成系统有共通之处，因此，本书结合 KRAFT 项目体系结构，给出本系统的系统结构。

KRAFT 系统结构[14]如图 3.13 所示。

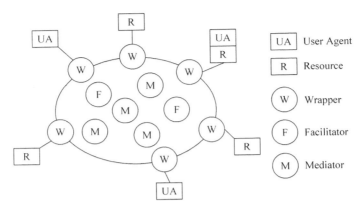

图 3.13 KRAFT 体系结构

KRATF 主要包含三种功能对象实体,分别是 Wrapper、Facilitator 和 Mediator,分别用 W、F 和 M 表示。W 是用户与服务资源之间的接口,F 负责系统的消息路由,M 主要负责异构数据源的数据集成、基于语义的知识转换和知识的一致性检查处理等工作。在实际处理过程中,F 通过 W 提供的信息找到 M,当同一 M 位于多条路径上时,就需要进行知识融合。

另一类研究认为知识融合是一种服务[25],它通过对来自分布式信息源的多种信息进行转换、集成和合并等处理,产生新的集成化知识对象,同时可以对相关的信息和知识进行管理。其体系结构如图 3.14 所示。

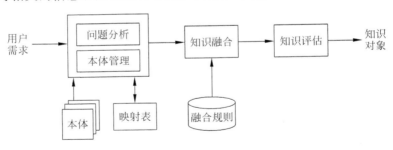

图 3.14 一种基于知识融合的体系架构

基于以上两类研究,给出了结合融合技术的数据集成系统的体系架构,数据集成层的输出作为融合层的输入,进行下一步操作,以便得到高质量的结果数据。集成层的主要作用是将异构的数据进行模式转换,使语法和语义上尽可能一致,而融合阶段的主要任务是基于规则和融合算法,实现全局本体中概念实例的融合。

3.3 物联网多源异构信息融合体系结构

3.3.1 物联网信息融合的新需求

目前,物联网信息融合最急迫需要解决的问题之一是物联网中信息的多源异构性问题,信息角度的物联网是以数据信息为中心的物联网新阶段,语义技术上是物联网信息融合解决多源异构性问题的基本必要方法。许多研究人员已经开展了相关的研究工作,包括:物联网数据的统一的描述模型[62],物联网数据注释与抽象[62,63],关联传感器数据及其访问[64],数据资源的搜索[65],语义推理与解释[66]等。

语义网技术是实现物联网多源异构信息融合的必需技术[57]。

1. 语义互操作性

语义互操作性:是指在不同的系统间可以进行自由的信息的交互,并且可以相互理解各自的含义。物联网多源异构信息融合要求能够对多源异构数据进行互相理解、集成和融合。物联网环境下的多源异构信息融合处理必然要求统一的语法表示方法及异构数据描述映射方法,这是物联网环境下多源异构信息融合处理的前提,也是物联网环境下信息融合方法与传统的多传感器数据融合方法的本质区别之一。语义网技术可以提供统一的、附带语义性的信息描述模型及关系映射方法为物联网数据信息提供语义互操作性。

2. 数据开放性

数据开放性:由于物联网数据信息的分布式存储特点,面向服务的物联网还要求信息融合系统能够容易检索与获取所需要的数据,完成多源数据的集成。传统的传感器网络数据采集可能在互联网中提供了专属的数据接口,对采集的数据进行有效访问。然而,这些接口类型不同,并且数理繁多,融合方法可能需要使用来自多个服务商提供的异构互联网数据接口来收集数据,这使融合方法,以及整个物联网可提供的服务的构建变得比较困难。语义网以面向服务的资源形式表示、检索、访问数据信息,可以为物联网环境下面向服务的信息融合系统提供便捷统一的数据检索与获取方法。

3. 灵活性和可扩展性

灵活性和可扩展性：物联网环境下的多源异构信息融合系统要求能够灵活地匹配集成所需要的关联数据信息，能够灵活增加或减少参与融合计算的关联数据信息的数量，提高融合效率及质量。由于关联数据是以资源之间的关系模型进行建模的图数据模型，因而具有很好的灵活性与可扩展性。

4. 语义推理能力

语义推理能力：物联网多源异构信息融合系统要求对现实世界全面地、准确地感知，对客观世界综合反映与抽象。语义网技术提供的语义推理能力能根据观测数据对观测事物的特征抽象及情景进行感知，从而对所观测的事物得出全面准确的理解、抽象与情景感知。

3.3.2 多源异构信息融合体系结构

面向云平台的物联网多源异构信息融合包含一整套的理论、方法和算法的框架，这些理论、方法和算法用来解决智慧城市多源异构信息集成与融合，对多种感知设备与相关信息知识进行合并和挖掘、综合分析与推理抽象，从而得到更好质量的信息。根据以上研究内容构建智慧城市多源异构大数据融合实现框架，如图 3.15 所示。

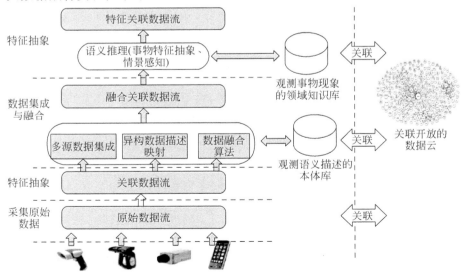

图 3.15 物联网多源异构大数据融合实现框架

1. 技术路线

本书将面向物联网的多源异构大数据融合分为四个阶段：采集原始数据、数据抽象、数据集成与融合、特征抽象。首先，原始数据采集主要来自多种传感器、监控系统和移动终端设备等；其次，将关系型数据库中的原始数据映射成 RDF 类型数据，即根据语义网络描述模型构建基于观测的本体描述模型，完成对原始数据的抽象与访问；最后，使用深度学习集成以资源形式表示的多源异构关联数据信息，从而能够完成进一步的多源异构数据融合。

2. 具体的研究方案与可行性分析

1）采集原始数据

物联网系统全面感知的是底层各类型感知设备对物理世界事物观测所产生的数据。这些数据来源于某个物理现象或事件，如环境温度、大气湿度等，此时的数据是比较粗糙的，还不能完全体现出一些人类或机器可理解的语义，而且这些数据往往以分布式的方式进行存储和维护。这些数据在通信网络中传输时，在保证可靠性的前提下，根据某些特点进行网内数据的汇聚融合处理[70,71]，这样可以实现降低网内数据传输量，有利于节省能耗，延长网络使用。为了保证信息融合的质量，原始粗糙的数据在信息融合初期需要进行预处理，包括对数据的正确解析、过滤噪声数据及对数据的不完备性处理等。

2）数据抽象

首先，针对特定应用服务需求及对这些采集到的数据的特点，定制相应的观测语义描述模型，即模式层。其次，按照相应的模式层描述模型，对物联网底层感知设备采集的原始数据进行元数据的标注，以实例形式与模式层描述模型完成映射，实现从原始数据到观测数据的抽象。面向观测的语义关联数据形式是数据抽象的结果，关联数据[74,75]是以统一资源标识符命名的数据资源，并通过 HTTP 协议以资源的形式在互联网上访问的数据，通常以 RDF 形式表示。这种关联数据通过关联关系完成内部与外部的数据关联，使得物联网感知来的原始数据不只是孤立地存储在某个数据管理中的数据孤岛，而是使物联网成为基于信息、资源相互连接的内容网络的基础，也为物联网信息融合提供了统一且简单有效的分布式数据搜索与访问方式。

数据抽象是通过高层的语义模型（Schema Level），使得数据具有一定程度的机器可理解的语义,有利于机器更好地理解所观测和监控的客观事物的实际情况。物联网的数据流形式具有很强的时间性和空间性,观测数据关联观测时间、地点以及其他有助于体现该观测数据实际意义的数据信息。

目前,在语义描述模型方面的研究包括:OGC[76](the Open Geographical Consortium)model 主要研究基于观测与测量的传感器网络数据通用模型构建;W3C SSN(Semantic Sensor Network)Ontology[77]不仅提出了基于观测与测量的数据通用本体构建,而且构建了通用的传感器及传感器网络资源本体描述模型;物联网实体模型(IOT-A Entity Model)等。

3) 数据集成与融合

数据集成与融合阶段重要的任务是能够实现多源数据集成、异构数据映射及数据融合计算。多源数据的集成不仅包含对采集的关于客观世界的数据自身的集成,又包含与外部其他数据、信息和知识的无缝集成。这里的多源数据集成能够通过与数据关联的信息,如时间、空间及其他关联特性完成对所需多源数据的检索与汇聚。数据抽象后的观测关联数据是以资源形式存在的,可以通过 HTTP 协议直接访问和返回数据,并通过 SparQL[78](Simple Protocol and RDF Query Language)协议访问和获取关联数据。SparQL 是为关联数据研发的数据访问与获取协议,它是 W3C 关于 RDF 数据查询建设的推荐标准。

数据集成层的作用是解决模式级的异构问题,使得数据的表达形式得到初步的统一,例如,"日期""性别"等同一种类型的数据要用统一的格式表示,不符合约束条件的字段值要改正等。由于 XML 语义表达能力的缺陷,本书按照语义元数据中的定义转化为使用资源描述框架(RDF)描述的本体实例(Ontology Instances)输出。

物联网数据经过数据抽象以后,可能会面临数据描述异构型的问题,即数据抽象时所使用的本体描述模型不同,而产生的数据不能互操作问题。要解决异构数据映射问题,必须对所有的物联网数据、服务及客观事物建立一个统一的资源描述模型,难点是这些描述模型是某些个体对某些客观事物及其规律的认识,易带有主观性,很难达到一致意见。所以,采用的做法有两种:(1)通过与更高级的模型相关联,使得处于低级的多个描述模型之间建立映射关系,从而解决异构型问题;(2)对本体模型进行分析,找出描述模型之间的相似点与一致点,去除不一致性,直接进行匹配与映射。

数据融合是指对采集的多源观测数据通过智能处理算法,进行融合计算,得到这些数据值的适当的分析、概括与估计。这个阶段的数据融合以算法为重点,以数据值的计算为手段。本书采用基于深度学习的信息融合方法,通过设计合理的表示学习模型,将不同来源的对象投影到同一个语义空间中,建立统一的表示空间,实现多知识库的信息融合。例如:当我们在信息检索或自然语言处理中应用知识库时,往往需要计算查询词、句子、文档和知识库实体之间的复杂语义关系。由于这些对象的异质性,计算它们的语义关联比较困难,而基于深度学习的表示学习亦能为异质对象提供统一的表示空间,实现异质对象之间的语义关联计算。

我们将知识库表示为 $G=(E,R,S)$,其中 $E=\{e_1,e_2,\cdots,e_{|E|}\}$ 是知识库中的实体集合,其中包含 $|E|$ 中不同的实体;$R=\{r_1,r_2,\cdots,r_{|R|}\}$ 是知识库中的关系集合,其中包含 $|R|$ 中不同的关系;$S \subseteq E \times R \times E$,则代表知识库中三元组集合,我们一般表示为 (h,r,t),其中 h 和 t 表示头实体和尾实体,而 r 表示 h 和 t 之间的关系。

以实现文书与知识库融合的表示学习为例,知识表示学习最有代表性的模型为 TransE 模型[83],将知识库中的关系看作实体间的某种平移向量。对于每个三元组 (h,r,t),TransE 用关系 r 的向量 l_r 作为头实体向量 l_h 和尾实体向量 l_t 之间的平移。如图 3.16 所示,对于每个三元组 (h,r,t),TransE 希望

图 3.16 TransE 模型

$$l_h + l_r \approx l_t \tag{3.1}$$

定义如下损失函数:

$$f_r(h,t) = | l_h + l_r + l_t |_{l_1/l_2} \tag{3.2}$$

即向量 $l_h + l_r$ 和 l_t 的 L_1 或 L_2 距离,其中 L_1 表示曼哈顿距离,L_2 表示欧式距离。

在实际学习过程中,为了增强知识表示的区分能力,TransE 采用最大间隔方法,定义了如下优化目标函数:

$$L = \sum_{(h,r,t)\in S} \sum_{(h',r',t')\in S^-} \max(0, f_r(h,t) + \gamma - f_{r'} \cdot (h',t')) \tag{3.3}$$

其中,S 是合法三元组的集合,S^- 是错误三元组的集合,$\max(x,y)$ 返回 x 和 y 中的最大值,γ 为合法三元组得分和错误三元组得分之间的间隔距离。

错误三元组并非随机产生的,而是选取有代表性的错误三元组,TransE 将 S 中每个三元组的头实体、关系和尾实体其中之一随机替换成其他实体或关系来得到 S^-,即:

$$S^- = \{(h',r,t)\} \cup \{(h,r',t)\} \cup \{(h,r,t')\} \tag{3.4}$$

与以往模型相比,TransE 模型参数较少,计算复杂度低,却能直接建立实体和关系之间的复杂语义关系。Borders 等人在 WordNet 和 Freebase 等数据集上进行链接预测等评测任务,实验表明 TransE 的性能较其他模型有显著提升,特别是在大规模稀疏知识图谱上,TransE 的性能尤其惊人。

TransE 模型面对复杂语义关系时尚有待改进,例如:

① 知识库中的其他信息,如实体和关系的描述信息、类别信息等。

② 知识库外的海量信息,如互联网文本蕴含了大量与知识库实体和关系有关的信息。

面对海量的多源异质信息可以帮助改善数据稀疏性问题,提高知识表示的区分能力。如何充分融合这些多源异质信息,实现知识学习,具有重要意义。在融合上述信息进行知识表示学习方面,考虑实体描述的知识表示学习模型是 DKRL(Description-embodied Knowledge Representation Learning)模型。在文本表示方面考虑了两种模型:一种是 CBOW[84,85](见图 3.17),将文本中的词向量简单相加作为文本表示;另一种是卷积神经网络(Convolutional Neural Network,CNN)[86](见图 3.18),能够考虑文本中的词序信息。

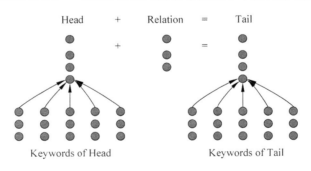

图 3.17　DKRL(CBOW)模型

DKRL 可以利用 CBOW 和 CNN 根据实体描述文本得到实体表示,然后将该实体表示用于 TransE 的目标函数学习。DKRL 的优势在于,除了能够提升实体表示的区分能力外,还能实现对新实体的表示。当新出现一个未曾在知识库中的实体时,DKRL 还可以根据它的简短描述产生它的实体表示,用于不断扩充知识图谱。

4) 特征抽象

特征抽象[57-63],是指将基于观测语义描述的数据,结合所观测对象的领域知识[79]进行推理,完成对观测事物或其特征的抽象表示以及综合的情景感知。

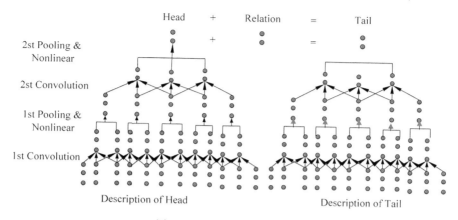

图 3.18　DKRL(CNN)模型

特征抽象主要是通过基于领域知识的语义推理来完成。通过 FACT++、Jena 等实现。领域知识可以来自专家专门构建的"智件",也可以从互联网上的信息或历史数据中抽取相关知识。抽象得到的特征仍然是以关联数据形式存在,可通过关联数据的检索与访问接口实现数据及信息资源的获取,这里关联数据的接口主要是通过 HTML 浏览器直接使用 URL 访问数据信息资源、关联数据的浏览器(如 OpenLink RDF Browser 等)、SparQL 等。另外,从数据抽象到信息融合后的数据信息可以通过模式层,即描述模型与关联开发云(Linked Open Data Cloud)相关联,实现与更多外部知识和信息空间相关联。这既有利于数据信息资源的发现与集成,又有利于与外部知识互联互通。

3.4　系统架构

如图 3.19 所示,系统总体架构由三大部分组成[26]。

1. 传感器网络及其中间件系统

部署于实验室的各类型传感器实时采集数据,并将数据通过无线网关发送给传感器网络中间件,传感器网络中间件将这些实时数据存储进关系型数据库 SQL Server 2008 中。

2. D2RQ 系统

通过 SSN(Semantic Sensor Network)Ontology 对采集的传感器网络数据进行建模和抽象,并利用 D2RQ Mapping Lauguage 定义其余关系型数据

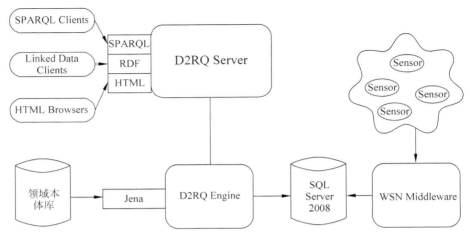

图 3.19　系统架构

库 SQL Server 2008 中各个事务之间的映射关系，完成普通数据与关联数据的转化。这些数据可通过 SPARQL、HTML 浏览器和 RDF 浏览器进行访问、查询及进一步地数据集成。

3. 领域知识库构建

根据目标事物，即实验室环境通过 Protege 工具构建一个领域知识库，通过 Jena 推理机进行推理，完成对实验室内环境的智能识别与判断。

3.5　基于本体的数据融合算法

3.5.1　相关定义

知识融合的前提条件是准确识别来自不同信息源但却描述了客观世界统一实体的那些实例。判定它们是等价的、冗余的还是冲突的，对已经判定为等价的实例，需要采取合并。围绕知识融合中出现的问题，首先给出相关概念的定义。

定义 1　关键属性/属性集：如果对于一个概念，存在一组属性值 $K = \{K_1, K_2, K_3, \cdots, K_n\}$，可以唯一确定该概念的一个实例，则这些属性为该概念的关键属性/属性集，即该概念的任意实例在该属性上有且只有一个属性值。

定义 2 等价实例：对于一个概念以及它的两个例 Instance1 和 Instance2，如果 Instance1、Instance2 在关键属性上的取值相等，称 Instance1 和 Instance2 为等价实例，即 Instance1、Instance2 是对客观事件同一实体的两种描述。

定义 3 冗余实例：对于一个概念以及它的两个等价实例 Instance1 和 Instance2，如果 Instance1、Instance2 在所有非关键属性上的值相等，称 Instance1 和 Instance2 是冗余实例。

定义 4 冲突实例：对于一个概念以及它的两个等价实例 Instance1 和 Instance2，如果 Instance1、Instance2 在非关键属性上的值不等，称 Instance1 和 Instance2 是冲突实例。

3.5.2 融合算法

目前，对于等价实例识别与融合的研究中，文献[82]提出的方法需要全局本体的身份属性集，但全局本体及全局本体到局部本体的映射不容易获得；文献[83]采用了基于概率的方法，但这种方法必须事先对信息源中的信息指定相应概率，不具有普遍适用性；文献[84]提出的方法假设条件较强。文献[14]提出了基于关键属性和融合规则的融合方法，通过比较本体实例的关键属性值来判断其是否是等价实例，其算法灵活、简便，适应性和可靠性比较好。本书是在文献[14]的基础上，消除了等价实例、冲突实例，并对来自于各个不同数据源、描述客观世界同一实体的不同实例进行了合并。

融合算法流程如图 3.20 所示。

算法 1 对等价实例中的三元组进行合并操作。

```
//由外层到内层的顺序,将model1合并到model2中。将model1最外层节点的三
元组集合中所有与model2等价的三元组进行融合,否则将其合并到model2中,并
将处理过的三元组从model1StmtList中删除
    function merge(Model model1,Model model2)
//对model1和model2中等价的三元组进行合并
    Local Variable: List<string>model1StmtList;
            //model1中所有三元组的集合
            List<string>model1StmtList;
            //model2中所有三元组的集合
            List<string>outer1StmtList;
            //model1中最外层节点的三元组的集合
            List<string>outer2StmtList;
            //model2中最外层节点的三元组的集合
            List<string>subStmtList;
```

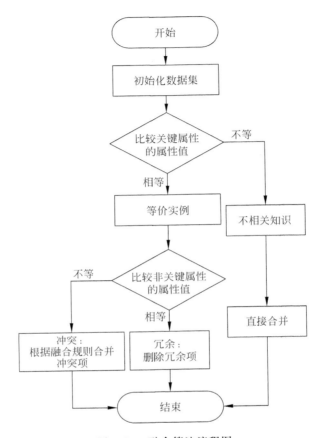

图 3.20　融合算法流程图

```
//model1 中以最外层节点为主体的三元组集合
for each outerInsiouter1StmtList Do
//如果 model1 和 model2 中存在等价实例，需要将 model1 相关实例与 model2
中等价实例进行合并
    if m2Insmodel2StmtList && similar(outerInsi,m2Ins) then
        fusion(outerInsi,m2Ins,subStmtList,model1StmtList,model2);
else
    //如果没有等价实例,将其简单合并到 model2 中
    add subStmtList to model2;
    add< m2Ins,P(stmti),O(stmti)>;
    delete< m2Ins,P(stmti),O(stmti)> from model1StmtList;
    //将处理过的三元组从 model1 中删除
    delete subStmtList from model1;
```

```
         end if
      end for
      return model2;
end function
```

算法描述：

由外层到内层的顺序，将 model1 合并到 model2 中。将 model1 最外层节点的三元组集合中所有与 model2 中等价的三元组进行融合，否则将其合并到 model2 中，并将处理过的三元组从 model1 StmtList 中删除。如果 model1 和 model2 中存在等价实例，需要将 model1 相关实例与 model2 中等价的实例进行合并。并且在合并过程中需要识别冗余知识和冲突知识，并进行相应的处理，因此算法中如果找到等价实例，需要对等价实例相关的知识三元组执行合并操作。

算法2 基于融合规则，对来自各个不同的异构数据源的、描述客观世界统一实体的不同实例进行合并。

```
Local Variable:
    m1Ins,m2Ins;
    //model1 和 model2 中三元组的实例
function fusion(m1Ins,m2Ins,subStmtList,model1StmtList,model2)
//对等价的两个实例进行合并
if m1Ins∈model1StmtList && m2Ins∈model2StmtList && similar(m1Ins,m2Ins) then
{
delete m1Ins from model1StmtList;
delete m1Ins from subStmtList;
}
for each stmti∈subStmtList do
    if m2stmt∈model2 && same(stmti,m2stmt) then
    //如果存在与 m2stmt 完全相同的三元组，则为冗余三元组，从 StmtList 中删除
        delete stmti from model1StmtList;
    else
        if conflict(stmti,m2stmt) then
        //根据融合规则融合，并把结果放入三元组集合中
            if stmti∈stmtSet then
            delete m2Ins from model2;
            add<m2Ins,P(stmti),O(stmti)>;
            delete<m2Ins,P(stmti),O(stmti)> from model1StmtList;
            delete stmti from subStmtList;
        else
```

```
            delete stmti from subStmtList;
            end if
        else to model2
            add <m2Ins,P(stmti),O(stmti)> to model2;
            delete <m2Ins,P(stmti),O(stmti)> from model1StmtList;
            delete stmti from subStmtList;
        end if
        end for
return model2;
end function
```

算法描述：

(1) 已经判定为等价的两个三元组实例，由于它们的关键属性和属性值都是相等的，即在 model1 中主体是等价实例、谓词是关键属性的三元组和 model2 中主体是等价实例、谓词是关键属性的三元组是冗余的，所以，首先将所有主题是 model1Ins、谓词是关键属性的三元组从 model1 StmtList 和 sub StmtList 中删除。

(2) 完成第一步的删除操作后，sub StmtList 中所有三元组的属性均为非关键属性，如果存在与 m2stmt 完全相同的三元组，则可以判定两个三元组是冗余的 same($stmt_i$, m2stmt)，此时不将 $stmt_i$ 加入 model2 中；如果 $stmt_i$ 与 m2stmt 属性相同，而属性值不相等，则可以判定为两个三元组是冲突的 conflict($stmt_i$, m2stmt)，此时按照融合规则，将可信知识添加到 model2 中；如果 $stmt_i$ 与 m2stmt 属性不相同，属性值也不相等，则两个三元组是互补的，将 model1 中的三元组合并到 model2 中即可。

3.6　本章小结

本章主要介绍了语义 Web 的体系结构及其应用，并在此基础上介绍了本体，包括本体的概念、建模语言、分类、本体在物联网中的应用等。同时，提出了基于本体的多源异构信息融合体系结构，并给出了知识融合算法。

第4章

物联网多源异构数据融合原型系统的实现

4.1 背景介绍

物联网(Internet of Things,IoT)是通过信息传感设备,按约定的协议实现人与人、人与物、物与物全面互联的网络。其主要特征是通过射频识别、传感器等方式获取物理世界的各种信息,结合互联网、无线通信网等网络进行信息的传送与交互,采用多种智能计算技术对信息进行分析处理,从而提高对物质世界的感知能力,实现智能化的决策和控制。

物联网预计将创造一个新世界。物理对象被无缝地集成到信息网络中,从而提供高级智能服务。当前,互联的物联网设备已经超过了世界人口数,其产值预计到2020年年底将达到24亿美元。当前,欧美在物联网的应用方面已有一些基础,国内的物联网应用已遍布农业、工业、商业、军事、金融等各个行业,在城市公共安全、工业安全生产、环境监控、智能交通、智能家居、公共卫生、健康监测等领域取得了一定的成效。

由于拥有大量的无线传感器设备,物联网产生了大数据量,这些数据巨大、多源、异构、动态和稀疏。随着物联网应用的不断深入,数据处理的问题日益显现。物联网数据具有海量和显著的多源异构特性,存在数据缺失、断续、时空关系不一致、采样频率和测量精度的差异等问题,而且物联网上层应用的需求,如节能性、实时性、安全性等,对传感端的数据也有严格的要求。数据融合将多个数据和知识集成到一个一致、准确和有用的地方。数据融合为高质量信息提供可靠的表示。数据融合是集成数据的质量保证和分析挖掘的前提条件。物联网数据融合技术根据感知到的多源海量数据,挖掘其互补性,发挥每种数据的优势,利用异构信息消除单一数据的错误和异常。因此,如何实现物联网海量多源异构数据的融合处理是一个具有挑战性的课题,是解决以上所提出问题的关键技术。

本章针对环境监测物联网,基于 Hadoop 大数据处理平台,采用虚拟数据库技术,结合 MapReduce 模型,设计了物联网多源异构数据融合架构,并实现了初步的原型系统。本章对架构中各个功能模块做了重点分析;分析了系统架构中解析器模块视图及任务分配过程;分析了执行器模块 MapReduce 执行过程。以环境监测系统为例,对环境物联网多源异构数据进行融合处理及存储。对已完成的系统使用数据进行了功能与性能测试。实验结果表明,该架构模型能够在较短时间内处理多数据源海量数据,为用户请求提供完整准确的信息。

4.2 物联网多源异构数据融合系统总体设计

4.2.1 物联网多源异构数据融合系统设计思想

鉴于物联网数据的异构、海量、分布性和决策控制的实时性,已有的分布式数据管理系统无法高效地针对各类异构数据进行自适应扩展,而且缺乏智能化的数据管理和处理功能。本章通过分析数据处理需求的多样性与数据处理机制的高效之间的矛盾,构建基于 Hadoop 的物联网多源异构数据融合系统,利用 Hadoop 框架中 MapReduce 计算模型和 HDFS 分布式文件系统对海量数据的处理优势,实现系统的高可用性、可扩展性及实时的数据融合处理。

1. 虚拟数据库技术

虚拟数据库是描述异构数据源特性的数据库,在访问异构数据源信息之前需要利用虚拟数据库进行数据信息定位。虚拟数据库管理技术是整合多异构数据源的有力工具,随着数据量的剧增,虚拟数据库管理技术变得日益频繁,许多异构数据源的融合过程都借用该技术完成。虚拟数据库技术使外部数据源成为企业关系数据库系统的外延,应用程序可通过它为分散在各种原始数据源中的数据提供访问服务。虚拟数据库收集、组织、集成来自这些源的数据,并为应用程序提供单一、规范的关系数据库的数据外貌。

本书使用虚拟数据库法进行数据的底层融合,数据存储位置保持不变,集成共享系统提供一个虚拟的数据库平台以及在这个平台上查询、增加、删除、修改数据。用户访问操作异构数据时,只需要指定所需要的数据,而不关心数据模式、数据抽取、合成以及这些数据获取等细节。虚拟数据库系统结构如图 4.1 所示。

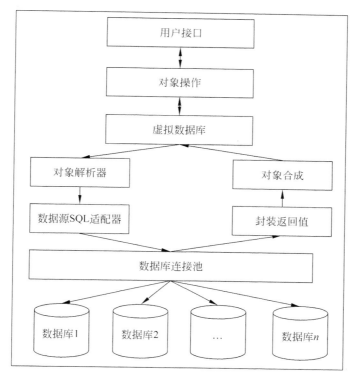

图 4.1　虚拟数据库系统结构图

虚拟数据库是一个虚拟、统一的数据交换视图平台,用户可以透明地访问。其主要的工作模块包括虚拟数据库访问接口、对象解析器、数据源 SQL 适配器、数据源连接池、封装返回值、对象合成等。

(1) 虚拟数据库访问接口。

虚拟数据库访问接口作为用户或应用程序访问异构数据库的通道,它只需用户或应用程序提供指定数据,不必关心底层实现细节,最终返回所需的结果。在本系统中,定义的访问接口如下:

```
public boolean insert(Object obj)
public boolean update(Object obj)
public boolean delete(Object obj)
public boolean insert(Object obj,String databaseName)
public boolean update(Object obj,String databaseName)
public boolean delete(Object obj,String databaseName)
public Object select(Integer id,Class cls);
public List select(Class cls, String where, int first, int end)
```

以上的接口中 obj 为指定的数据操作对象;databaseName 是指定的数据源或数据库的名字,当没有指定时,系统自适应匹配数据源或数据库;id 为对象的唯一编号,对应关系模式中的主键;cls 为数据操作对象按指定的方式注册生成的字节码;where 是查询语句的条件;first 是查询记录的起始位置;end 是查询记录的结束位置。

(2) 对象解析器。

对象解析器主要实现将用户或系统程序传入接口中的对象进行分解,获得对象的属性以及对应的值、属性与属性值之间的关系,为数据源 SQL 适配器生成对应的 SQL 语句做准备。

(3) 数据源 SQL 适配器。

不同数据库不仅在存储模式上存在差异,而且数据的类型也可能不同,例如,MySQL、Oracle、SQL Server 等。因此需要一个特定的数据源 SQL 适配器生成对应的 SQL 执行语句,屏蔽底层细节。数据源 SQL 适配器主要包括指定数据库数据类型转换生成、执行语句谓词生成等。本系统采用注册方式来实现数据源 SQL 适配器,首先系统实现了一个公共的数据类型和公共 SQL 语句生成的类,而特定的数据库通过继承公共类重载或覆盖成员来产生特定的数据类型或 SQL 语句,然后扩展出对不同数据库的支持,最终实现数据源 SQL 适配器。

(4) 数据源连接池。

对于每一个数据库都对应一个数据库连接,而且每个连接建立、释放占据大部分时间和资源。因此,建立一个数据源连接池来提高系统运行效率。数据源连接池可以同时管理和维护多个数据库连接。当系统需要建立数据库连接时,不是直接与数据库建立连接,而是查看数据源连接池中是否存在连接。如果有,则从数据源连接池中取出;否则,直接与数据库建立连接。当系统不需要连接时,不是直接释放连接,而是查看数据源连接池中是否有空间可以存放,如果有,则放入其中,否则关闭连接并释放所占用的资源。在本系统中应用程序可通过 Hash 函数值索引从数据源连接池中获得数据库连接,并在数据源连接池空间不足时,使用 LUR(最近最少使用)算法进行连接替换。同时,对不同数据库连接支持通过类似数据源 SQL 适配器的注册方式进行动态扩展。

(5) 封装返回值。

由于使用 SQL 语句进行查询,所得结果是结构化的记录,而系统中操作与返回集都是面向对象的形式。因此,需要对象封装器将结构化记录转化成一个具体的对象。对象封装器采用对象解析器逆向过程。

(6) 对象合成。

查询结果通常不只是一个对象,往往是一个对象的集合。因此,需要在对象封装的基础上进行合成过滤掉相同的结果值,同时在这个过程中,进行权限控制以及增加其他限制条件,对拥有不同权限的用户或应用程序,返回不同的结果集。在本系统中目前还没有着重实现权限控制。

2. MapReduce 模型

MapReduce 是面向大数据并行处理的计算模型、框架和平台,具有以下三层含义。

(1) MapReduce 是一个基于集群的高性能计算平台,可使用市场上普通的商用服务器构成一个包含数十、数百乃至数千个节点的分布和并行计算集群。

(2) MapReduce 是一个并行计算与运行软件框架,能自动完成计算任务的并行化处理,自动划分计算数据和计算任务,在集群节点上自动分配和执行任务以及收集结果,将数据分布存储、数据通信、容错处理等并行计算涉及很多系统底层的复杂细节由系统负责处理。

(3) MapReduce 是一个并行程序设计模型与方法,提供了一种简便的并行程序设计方法,用 Map 和 Reduce 两个函数编程实现基本的并行计算任务,提供了抽象的操作和并行编程接口,以简便完成大规模的编程和计算处理。MapReduce 是用来处理数据的编程模型,通常用于大规模数据集并行处理,它将任务分成更多更细的子任务,并且在空闲的处理节点之间调度这些子任务，从而快速处理数据，最后按照特定的规则，合并中间结果并生成最终的结果。MapReduce 是按照传统编程模式中的分解归纳方法处理的，优势在于处理大量数据集。MapReduce 的工作过程——Map 和 Reduce 阶段，输入和输出都是键/值对，并且它们的类型可由程序员自己定义。图 4.2 所示的是 MapReduce 中 Map 与 Reduce(多个)任务数据流图。

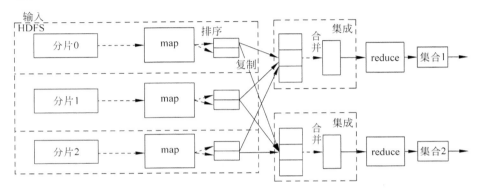

图 4.2 MapReduce 中 Map 与 Reduce(多个)任务数据流图

MapReduce 作业的客户端执行单元由输入的数据、MapReduce 和配置信息组成。在运行过程中作业被划分成若干子任务，其中包括两种类型的任务：Map 任务和 Reduce 任务。原型系统添加了一个集成任务——集成异构数据源，目的在于方便 Reduce 任务对异构数据源数据进行融合。系统由两种类型的节点控制作业执行——jobtracker 以及多个 tasktracker，jobtracker 取得异构数据源地址，jobtracker 通过在 tasktracker 上做 Map 运算，并产生中间输出，同时调度任务 tasktracker 协调所有作业在系统上运行。tasktracker 运行任务时，将进度报告发送给 jobtracker，jobtracker 记录每个任务的整体进度。如果任务失败，jobtracker 可以重新安排任务到 tasktracker。本系统中，将各个异构数据源中相关的数据表划分成一个输入分片，发送到 Map Reduce，再为每一个输入分片创建一个 Map 任务，由它运行系统自定义的 Map 函数来分析每一个异构数据源中的数据。

3. Hadoop 系统分布式存储与并行计算架构

从硬件体系结构上看，Hadoop 系统是一个运行于普通的商用服务器集群的分布式存储和并行计算系统。集群中将有一个主控节点用来控制和管理整个集群的正常运行,并协调管理集群中各个从节点完成的数据存储和计算任务。每个从节点将同时担任数据存储节点和数据计算节点两种角色,这样设计的目的主要是在数据环境下实现尽可能的本地化计算,以此提高系统的处理性能。为了能及时检测和发现集群中某个从节点发生故障失效,主控节点采用心跳机制定期检测从节点,如果从节点不能有效回应心跳信息,则系统认为这个从节点失效。

从软件系统角度看,Hadoop 系统包括分布式存储和并行计算两个部分。分布式存储构架上,Hadoop 基于每个从节点上的本地文件系统,构建一个逻辑上整体化的分布式文件系统,以此提供大规模可扩展的分布式数据存储功能。这个分布式文件系统称为 HDFS(Hadoop Distributed File System),其中,负责控制和管理整个分布式文件系统的主控节点称为 NameNode,而每个具体负责数据存储的从节点称为 DataNode。图 4.3 所示的是 Hadoop 系统分布式存储与并行计算集群。

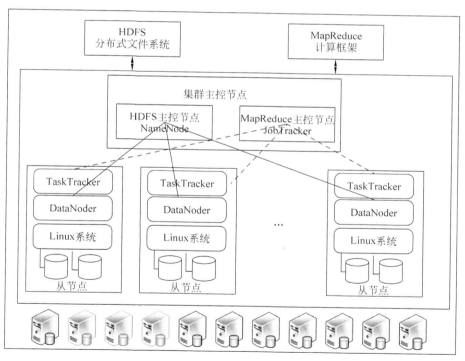

图 4.3　Hadoop 系统分布式存储与并行计算集群

进一步，为了能对存储在 HDFS 中的大规模数据进行并行化计算处理，Hadoop 又提供了一个称为 MapReduce 的并行化计算框架。该框架能有效管理和调度整个集群中的节点来完成并行化程序的执行和数据处理，并能让每个从节点尽可能对本地节点上的数据进行本地化计算，其中，负责管理和调度整个集群进行计算的主控节点称为 JobTracker，而每个负责具体数据计算的从节点称为 TaskTracker。JobTracker 可以与负责管理数据存储的主控节点 NameNode 设置在同一个物理的主控服务器上，在系统规模较大、各自负载较重时两者也可以分开设置。但数据存储节点 DataNode 与计算节点 TaskTracker 会配对地设置在同一个物理的从节点服务器上。Hadoop 是对大量数据进行分布式处理的软件框架，其提供分布式文件系统 HDFS、MapReduce 计算框架以及 HBase 非结构化数据库等。使用 Hadoop，可以实现控制和管理集群，更方便地构建企业级应用程序。Hadoop 的海量数据管理和分布式数据处理，能够在系统本身屏蔽传统的分布式计算的数据分割和错误管理，从而提高系统的可扩展性和可靠性。用户可以更多地关注自身的数据处理和分析应用。

4. 分布式文件系统 HDFS

HDFS 是一个类似于 Google GFS 的开源的分布式文件系统。它提供了一个可扩展、高可靠、高可用的大规模数据分布式存储管理系统，基于物理上分布在各个数据存储节点的本地 Linux 系统的文件系统，为上层应用程序提供了一个逻辑上成为整体的大规模数据存储文件系统。与 GFS 类似，HDFS 采用多副本（默认为 3 个副本）数据冗余存储机制，并提供了有效的数据出错检测和数据恢复机制，大大提高了数据存储的可靠性。

HDFS 是一个建立在一组分布式服务器节点的本地文件系统之上的分布式文件系统。HDFS 采用经典的主-从式结构，其基本组成结构如图 4.4 所示。

HDFS 具有下列六种基本特征。

(1) 大规模数据分布存储能力。

HDFS 以分布存储方式和良好的可扩展性提供了大规模数据的存储能力，可基于大量分布节点上的本地文件系统，构建一个逻辑上具有巨大容量的分布式文件系统，并且整个文件系统的容量可随集群中节点的增加而线性扩展。

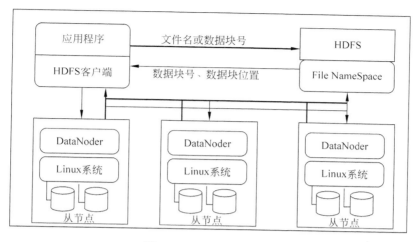

图 4.4　HDFS 基本结构

（2）高并发访问能力。

HDFS 以多节点并发访问方式提供很高的数据访问带宽（高数据吞吐率），并且可以把带宽的大小等比例扩展到集群中的全部节点上。

（3）强大的容错能力。

在 HDFS 的设计理念中，硬件故障被视作是一个常态。因此，HDFS 的设计思路保证了系统能在经常有节点发生硬件故障的情况下正确检测硬件故障，并且能自动从故障中快速恢复，确保数据不丢失。为此，HDFS 采用多副本数据块形式存储（默认副本数目是 3），按照块的方式随机选择存储节点。

（4）顺序式文件访问。

大数据批处理在大多数情况下都是大量简单数据记录的顺序处理。针对这个特性，为了提高大规模数据访问的效率，HDFS 对顺序读出进行了优化，支持大量数据的快速顺序读出，代价是对于随机的访问负载较高。

（5）简单的一致性模型。

HDFS 采用了简单的"一次写多次读"模式访问文件，支持大量数据的一次写入、多次读取；不支持已写入数据的更新操作，允许在文件尾部添加新的数据。

（6）数据块存储模式。

与常规的文件系统不同，HDFS 采用基于大粒度数据块的方式存储文件，默认的块大小是 64MB，这样做的好处是可以减少元数据的数量，并且可以允许将这些数据块通过随机方式选择节点,分布存储在不同的地方。

一个 HDFS 文件系统包括一个主控节点 NameNode 和一组 DataNode 从节点。NameNode 是一个主服务器,用来管理整个文件系统的命名空间和元数据,以及处理来自外界的文件访问请求。NameNode 保存了文件系统的三种元数据:命名空间,即整个分布式文件系统的目录结构;数据块与文件名的映射表;每个数据块副本的位置信息,每一个数据块默认有 3 个副本。

HDFS 对外提供了命名空间,让用户的数据可以存储在文件中,但是在内部,文件可能被分成若干个数据块。DataNode 用来实际存储和管理文件的数据块。文件中的每个数据块默认的大小为 64MB;同时为了防止数据丢失,每个数据块默认有 3 个副本,且 3 个副本会分别复制在不同的节点上,以避免一个节点失效造成一个数据块的彻底丢失。

Hadoop 程序开发与作业提交的基本过程为:

(1) 在本地完成程序编写和调试,即在自己本地安装了单机分布式或单机伪分布式 Hadoop 系统的机器上,完成程序编写和调试工作。

(2) 创建用户账户。为了能访问 Hadoop 集群提交作业,需要为每个程序用户创建一个账户,获取用户名、密码等信息。

① 将数据和程序传送到 Hadoop 集群,准备好数据和程序目录,用 scp 命令传送到 Hadoop 平台主机上。

② 用 SSH 命令远程登录到 Hadoop 集群。

③ 将数据复制到 HDFS 中,进入到程序包所在的目录,用 hadoop dfs-put 命令将数据从 Linux 文件系统中复制到 HDFS 中。

④ 用 hadoop jar 命令向 Hadoop 提交计算作业。在这里需要注意,如果程序中涉及 HDFS 的输出目录,这些目录事先不能存在,若存在,需要先删除。

5. 内存数据库

在某种程度上,实时性可以看作物联网业务应用的生命,为了满足实时性的要求,本小节利用内存数据库中高效的数据处理与缓存机制,支持物联网对数据信息实时性的要求。内存数据库是指数据存取通过内存实现的一类数据库,与从磁盘上读取数据的数据库相比,内存数据库能够大大提高读取的速度,减少数据库访问的时间。

采用虚拟视图的方式,对异构数据源元数据进行统一数据集成,建立各个异构数据源视图虚拟映射，制定统一的全局视图。在此基础上做实时更新处理，将查询得到的实时数据信息从各个异构数据源转换到数据融合模块中，并结合新的数据融合算法将数据整合为对应用户请求的标准数据格式，存储到内存数据库中，当用户发出请求时，发送给用户。

由于内存数据库存储容量小，因此对于内存数据库中的实时数据要定期返回到融合数据模块中，可以采用最近常用算法和最新数据信息算法实现。融合数据模块中的数据经过物联网管理模块将数据存入数据仓库，该模块主要完成以下功能：①作为数据暂存区，存储并管理来自融合数据模块的实时数据。②定期向数据仓库批量更新数据，以便用户对历史信息的查询。③通过最近常用算法将数据仓库中的最近频繁使用的数据导入融合数据模块的缓存，供内存数据库实时调用。

6. 物联网多源异构数据融合方法

本小节设计了物联网多源异构数据融合方法，由数据来源子系统采集多源数据；使用场景规则库存储基于不同场景设定的场景规则；构建数据融合子系统将所述多源异构数据集进行数据融合，形成分析数据集，根据所述场景规则关联所述分析数据集，输出基于所述场景规则的融合数据库；融合数据库子系统，用于存储基于所述场景规则的融合数据库。通过上述系统和方法，能够解决不同场景下的数据融合的需求，提高数据融合的有效性，为不同场景的需求提供准确的数据信息服务。

异构数据集成全局视图是根据包含在各个数据源中的元数据信息映射而成。当用户提出请求来访问系统时，请求解析器中的算法负责将该请求语言根据异构数据集成全局视图解析成对应各个本地数据源的子请求，解析完成后将子请求进行任务分配再交给执行器，执行器将请求分类后将这些子请求转换成本地数据源能够直接执行的形式，在对应的数据源中执行请求，最后融合子请求结果并处理请求结果中可能的冲突和不一致性，将结果转化成用户需求的格式传输给用户。

多个分布式数据源中的数据需要在虚拟数据库中集成使用的情况下，为了取得必要的数据，有时需要连接多张分布式的表，可以向每个分布式数据源发送 SELECT 命令，将检索得到的数据在虚拟数据库服务器上进行连接操作。另外，也可以把需要的数据移到其中一个分布式数据源中进行连接操作，只需要把连接的结果返回给虚拟数据库服务器。

4.2.2 物联网多源异构数据融合系统架构

物联网多源异构数据融合系统由数据采集层、数据融合处理层组成,如图 4.5 所示。

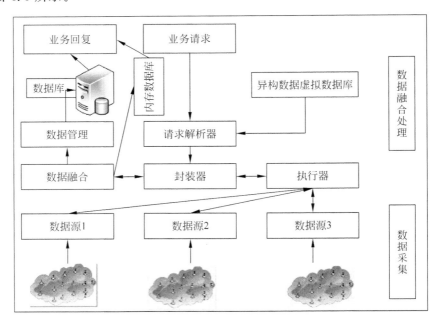

图 4.5 物联网多源异构数据融合系统架构

底层是数据采集层,传感器采集的数据通过无线网络传输到本地数据库中。监视模块可实时监督虚拟数据库的动态,主要完成的功能是:当本地数据库结构发生改变时,及时通知虚拟数据库并更新虚拟数据库中的全局视图。

数据融合处理层由五部分组成:请求解析器、执行器、源数据库、异构数据虚拟数据库以及封装器。

数据的融合处理过程为:请求解析器模块接收从上层传送的请求,经过封装器处理后进行任务分配结果,将结果传送给执行器并调用 MapReduce 过程。解析器需要知道各个异构数据源的元数据。为了确保每个用户能够得到正确的元数据信息,系统调用异构数据虚拟数据库监视模块来处理连续更新的问题。封装器与数据融合模块对最后数据结果做融合处理并封装好后传输给用户。

4.2.3 物联网多源异构数据融合系统功能模块

1. 虚拟数据库

虚拟数据库中的异构数据源全局视图是根据包含在各个数据源中的元数据信息映射而成,以方便应用程序开发人员直接面向虚拟数据库中的异构数据源。虚拟数据库除了上面所提到的功能,还要定期检查监视模块是否在本地数据源发生改变时自动在虚拟数据库中更新异构数据源全局视图,检查请求是否超出用户权限,检查新注册的数据源及已经注销的数据源等。

2. 请求解析器

当用户提出请求时,请求解析器负责检查该请求语句的语法和语义,以及用户的访问权限,并判断用户请求涉及哪些本地数据源,并根据异构数据源全局视图解析成对应各个本地数据源的子请求,将子请求进行任务分配再交给执行器。

3. 执行器

执行器将子请求转换成本地数据源能够直接执行的形式,在对应的数据源中执行请求。各请求在请求解析器中解析成对应各数据源的子请求,子请求在管理控制下,进行 Map 任务调度,Map 过程的执行结果将作为输入被管理控制器分配到对应的 Reduce 函数中执行 Reduce 过程,最终,Reduce 将结果集成到融合函数,进行最终的融合过程并将结果传给用户的同时,存储到虚拟数据库存档中以备多用户多次使用。

4. 数据融合

执行结束后融合数据模块处理请求结果中可能的冲突和不一致性,并将请求结果融合成用户需求的格式传输给用户。

4.2.4 物联网多源异构数据融合系统环境部署

1. 环境监测设备部署

通过在校园科研楼各角落安置不同传感器设备,收集数据,实时感知室内外温度和湿度,网关收集的数据存储于多个平台数据库服务器中,当用户提出请求时,请求通过虚拟数据库及解析服务器这个统一接口完成请求解析及任务分配工作,再将任务交给执行器服务器完成数据的处理工作。虚拟数据库服务器还负责定期更新元数据信息虚拟数据的信息工作。虚拟数据库服务器还具有维护平台用户信息存储管理和鉴权工作。用户通过 Internet 接入,并与通信服务器相连向系统提出数据融合请求。

本实验用到的传感设备有深圳市讯方的温度、湿度传感器,PH 2.5 传感器及 Cross Bow 温湿度传感器。无线传感通信设备包括:Zigbee、以太网网关、Zigbee 路由器、Zigbee 温湿度终端节点和 Zigbee 智能电控开关。Zigbee 及以太网网关可以和 Zigbee 终端节点(温湿度终端节点)自动组网,从而实现可针对不同用户的通信要求,用户可以根据该设备强大的通信和扩展性能设计符合要求的解决方案。Zigbe 智能电控开关可以实现远程电源控制功能,从而实现智能的远程交互功能。Cross Bow 温湿度传感器具有自定义内部数据库,数据解析过程自动完成。图 4.6 所示的是物联网工程实验室实景图。图 4.7 所示的是物联网实验室实景图。

图 4.6 物联网工程实验室实景图

2. 物联网多源异构数据融合系统架构

物联网多源异构数据融合系统采用 Hadoop 平台,其架构及环境参数的设置如图 4.8 所示。我们采用在四台 PC 机上安装 VMware-workstation 的方法,在每台 PC 机(Windows 7)上安装 4 台 Ubuntu 虚拟机。

Hadoop 集群共有 4 个节点:一个 Master 和 3 个 Slave 节点,Master 为主节点 Name Node,Slave Node1、Slave Node2、Slave Node3 为从节点 Data Node。在环境监测系统中还有汇聚服务器 2 台,1 台部署 MySQL 数据库器,1 台部署 SQL Server 2008 数据库。Web 服务器与 Hadoop 部署在

第4章 物联网多源异构数据融合原型系统的实现

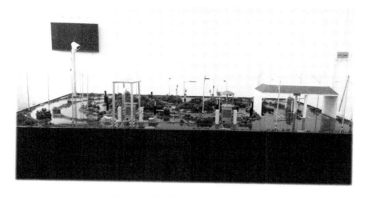

图4.7 物联网实验室实景图

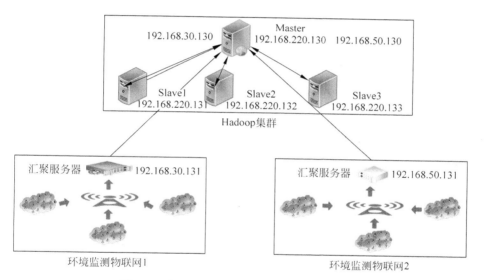

图4.8 物联网多源异构数据融合系统架构图

Master节点。相关配置分别见表4.1～表4.5。

表4.1 Master节点机器配置

硬件配置	参数说明
CPU	Intel Xeon E5-2630V3
内存	4GB
硬盘	300GB
操作系统	Ubuntu 14.04（x64）

表 4.2　Slave 节点机器配置

硬件配置	参数说明
CPU	Intel Xeon E5-2630V3
内存	2GB
硬盘	250GB
操作系统	Ubuntu 14.04（x64）

表 4.3　机器 IP 地址配置

节点	IP 地址
Master	192.168.30.130 192.168.220.130 192.168.50.130
Slave1	192.168.220.131
Slave2	192.168.220.132
Slave3	192.168.220.133
汇聚服务器 1	192.168.30.131
汇聚服务器 2	192.168.50.131

表 4.4　环境监测物联网 1 汇聚服务器配置

硬件配置	参数说明
CPU	Intel i7-6500
内存	8GB
硬盘	1000GB
操作系统	Windows Server 2008
数据库系统	SQL Server 2008

表 4.5　环境监测物联网 2 汇聚服务器配置

硬件配置	参数说明
CPU	Intel i7-6500
内存	8GB
硬盘	1000GB
操作系统	Ubuntu 14.04（x64）
数据库系统	MySQL 5.7

所有节点通过一个 1Gbps 的网络交换机连接在一起。Master 节点具有 3 块网卡。1 块网卡与从节点通信，1 块网卡连接环境监测物联网 1 的汇聚服务器 1，最后 1 块与环境监测物联网 2 的汇聚服务器 2 相连。

物联网多源异构数据融合系统中使用的软件及其对应的版本信息如表 4.6 所示,节点上操作系统为 Ubuntu,同时执行安装并配置 JDK 任务,使用 Zookeeper 进行节点机器管理,Redis 用作消息队列管理。

表 4.6　物联网多源异构数据融合系统软件配置

软　件	版本信息
Ubuntu	14.04(x64)
JDK	Jdk_7u79_linux-x64
Zookeeper	3.4.6
Redis	2.8.23
PHP	5.6
Hadoop	2.6.5

4.3　物联网多源异构数据融合系统具体实现与功能测试

物联网多源异构数据融合系统基于 Hadoop 2.6.5、Apache2 Http Server、PHP 和 MySQL 5.7 设计开发,其中利用 Hadoop 平台主要完成海量异构数据的融合操作,简化底层运行环境的开发。然而,物联网多源异构数据融合执行过程除了需要中间件的基本服务支撑外,还需要维护任务间的执行和数据依赖关系,实现动态的任务调度和数据的传输等较为复杂的机制。为简化物联网多源异构数据融合系统的开发过程,本节采用 PHP、MySQL 和 Apache2 Http Server 作为实现数据融合应用操作的基本支撑环境。

PHP 是一种通用开源脚本语言,使用广泛,主要适用于 Web 开发领域。PHP 独特的语法混合了 C、Java、Perl 以及 PHP 自创的语法。它可以比 CGI 或 Perl 更快速地执行动态网页。用 PHP 做出的动态页面与其他的编程语言相比,PHP 是将程序嵌入到 HTML(标准通用标记语言下的一个应用)文档中执行,执行效率比完全生成 HTML 标记的 CGI 要高许多;PHP 还可以执行编译后代码,编译可以达到加密和优化代码运行,使代码运行更快。

Apache HTTP Server 是 Apache 软件基金会的一个开放源代码的网页服务器,可以在大多数电脑操作系统中运行,由于其具有的跨平台性和安全性,被广泛使用,是最流行的 Web 服务器端软件之一。它快速、可靠并且可通过简单的 API 扩展,PHP、Perl/Python 解释器可被编译到服务器中,可以创建一个每天有数百万人访问的 Web 服务器。

MySQL 是一种关系数据库管理系统,关系数据库将数据保存在不同的表中,而不是将所有数据放在一个大仓库内,这样运行速度加快并提高了灵活性。MySQL 所使用的 SQL 语言是用于访问数据库的最常用标准化语言。MySQL 体积小,速度快,总体拥有成本低,尤其是开放源码这一特点,一般中小型网站的开发都选择 MySQL 作为网站数据库。由于其性能卓越,搭配 PHP 和 Apache 可组成良好的开发环境。

为了保证数据融合处理在环境监测系统中的可用性和有效性,需要进一步对系统进行测试,来支持或保证系统的可靠性。功能测试主要对系统中的各个功能模块根据编写出的测试用例逐项检查是否能够通过,首先要对单个模块逐项测试,然后对所有模块集成的综合测试,测试所有模块相互协同工作的结果是否正确。下面主要针对所有模块进行功能测试。

4.3.1 Hadoop 部署和功能测试

(1) Hadoop 环境配置。

① core-site.xml 配置为:

```
<configuration>
    <property>
        <name>hadoop.tmp.dir</name>
        <value>/usr/hadoop/tmp</value>
        <description>A base for other temporary directories.</description>
    </property>
    <property>
        <name>fs.defaultFS</name>
        <value>hdfs://master:9000</value>
    </property>
    <property>
        <name>io.file.buffer.size</name>
        <value>4096</value>
    </property>
</configuration>
```

② hdfs-site.xml 配置为:

```
<configuration>
    <property>
        <name>dfs.namenode.name.dir</name>
```

```
        <value>file:///usr/hadoop/dfs/name</value>
    </property>
    <property>
        <name>dfs.datanode.data.dir</name>
        <value>file:///usr/hadoop/dfs/data</value>
    </property>
    <property>
        <name>dfs.replication</name>
        <value>3</value>
    </property>
<property>
    <name>dfs.nameservices</name>
    <value>hadoop-cluster1</value>
</property>
<property>
    <name>dfs.namenode.secondary.http-address</name>
    <value>master:50090</value>
</property>
<property>
    <name>dfs.webhdfs.enabled</name>
    <value>true</value>
</property>
</configuration>
```

③mapred-site.xml 配置为：

```
<configuration>
    <property>
        <name>mapreduce.framework.name</name>
        <value>yarn</value>
        <final>true</final>
    </property>
    <property>
        <name>mapreduce.jobtracker.http.address</name>
        <value>master:50030</value>
    </property>
    <property>
        <name>mapreduce.jobhistory.address</name>
        <value>master:10020</value>
    </property>
    <property>
        <name>mapreduce.jobhistory.webapp.address</name>
        <value>master:19888</value>
```

```
        </property>
        <property>
            <name>mapred.job.tracker</name>
            <value>http://master:9001</value>
        </property>
</configuration>
```

④yarn-site.xml 配置为:

```
<configuration>
<!-- Site specific YARN configuration properties -->
    <property>
        <name>yarn.resourcemanager.hostname</name>
        <value>master</value>
    </property>
    <property>
        <name>yarn.nodemanager.aux-services</name>
        <value>mapreduce_shuffle</value>
    </property>
    <property>
        <name>yarn.resourcemanager.address</name>
        <value>master:8032</value>
    </property>
    <property>
        <name>yarn.resourcemanager.scheduler.address</name>
        <value>master:8030</value>
    </property>
    <property>
        <name>yarn.resourcemanager.resource-tracker.address</name>
        <value>master:8031</value>
    </property>
    <property>
        <name>yarn.resourcemanager.admin.address</name>
        <value>master:8033</value>
    </property>
    <property>
        <name>yarn.resourcemanager.webapp.address</name>
        <value>master:8088</value>
    </property>
</configuration>
```

(2) Hadoop 集群启动情况如图 4.9 和图 4.10 所示。图 4.9 显示的是 namenode 与 datanode 节点启动信息,图 4.10 显示的是 yarn 的启动信息。

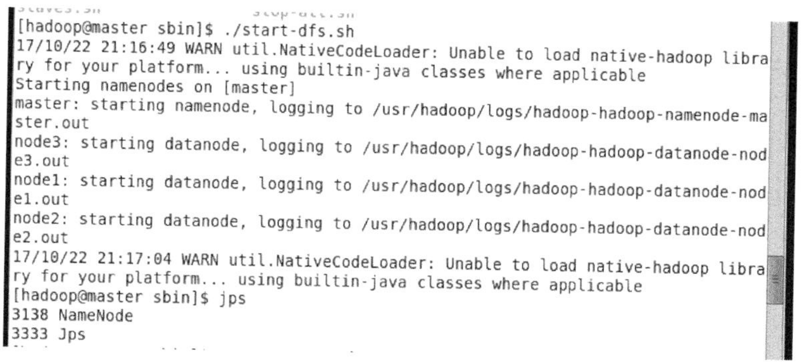

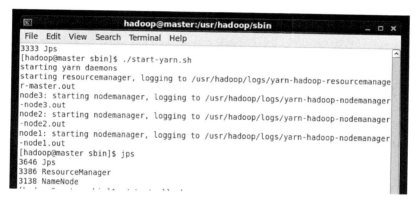

图 4.9 Hadoop 平台 namenode、datanode 启动

图 4.10 yarn 启动

综合图 4.9 与图 4.10 可看出，Hadoop 已正常启动，可接收任务进行处理。

4.3.2 数据源与数据映射测试

1. 数据源测试

数据源连接及检索的源代码如图 4.11 所示。根据数据源的不同，分别加载相应的数据库驱动程序 MySQL 和 SQL Server 2008，读取相关数据，写入到文本文件中，供数据融合时调用。

图 4.12 所示为系统生成的数据文本文件。

图 4.12(a) 显示的是环境监测物联网 1 的数据，包含温度、湿度等；图 4.12(b) 显示的是环境监测物联网 2 的数据，包含温度、PH2.5 等。

```java
try {
    //加载驱动程序
    Class.forName(driver);
    //1.getConnection()方法,连接MySQL数据库!!
    con = DriverManager.getConnection(url,user,password);
    if(!con.isClosed())
        System.out.println("Succeeded connecting to the Database!");
    //2.创建statement类对象,用来执行SQL语句!!
    Statement statement = con.createStatement();
    //要执行的SQL语句
    //String sql = "select * from data limit 1,1000";
    //3.ResultSet类,用来存放获取的结果集!!
    ResultSet rs = statement.executeQuery(sql);
    System.out.println("-----------------");
    System.out.println("执行结果如下所示:");
    System.out.println("-----------------");
    //System.out.println("nodeid" + "\t" + "epop");
    //System.out.println("-----------------");

    //String job = null;
    //String id = null;
    File file =new File(dataFileName);
    if (!file.exists()) {
        file.createNewFile();
    }
    String data=null;
    FileWriter fileWriter = new FileWriter(file.getName(),true);
    BufferedWriter bufferWriter = new BufferedWriter(fileWriter);
```

图 4.11 异构数据源数据读取源码

(a)					(b)			
1	122.153	-3.91901	11.04	2.03397	1	29.0	0.0	20170504165953
1	19.9884	37.0933	45.08	2.69964	1	29.0	0.0	20170504165954
1	19.3024	38.4629	45.08	2.68742	1	29.0	0.0	20170504165955
1	19.1652	38.8039	45.08	2.68742	1	29.0	0.0	20170504165956
1	19.175	38.8379	45.08	2.69964	1	29.0	0.0	20170504165957
1	19.1456	38.9401	45.08	2.68742	1	29.0	0.0	20170504165958
1	19.1652	38.872	45.08	2.68742	1	29.0	0.0	20170504165959
1	19.1652	38.8039	45.08	2.68742	1	29.0	0.0	20170504182755
1	19.1456	38.8379	45.08	2.69964	1	29.0	0.0	20170504182756
1	19.1456	38.872	45.08	2.68742	1	29.0	0.0	20170504182757
1	19.1456	38.9401	45.08	2.69964	1	29.0	0.0	20170504182758
1	19.1358	38.9061	45.08	2.68742	1	29.0	0.0	20170504182759
1	19.1162	38.8039	45.08	2.69964	1	29.0	0.0	20170504182800
1	19.1162	38.872	45.08	2.69964	1	29.0	0.0	20170504182801
1	19.1064	39.0082	45.08	2.69964	1	29.0	0.0	20170504182802
1	19.1064	38.872	43.24	2.69964	1	29.0	0.0	20170504182803
1	19.0966	38.8039	43.24	2.69964	1	29.0	0.0	20170504182804
1	19.0966	38.7357	43.24	2.69964	1	29.0	0.0	20170504182805
1	19.0868	38.8039	43.24	2.69964	1	29.0	0.0	20170504182806
					1	29.0	0.0	20170504182807
					1	29.0	0.0	20170504182808
					1	29.0	0.0	20170504182809
					1	29.0	0.0	20170504182810

图 4.12 环境监测物联网数据

(a) 环境监测物联网 1 的数据；(b) 环境监测物联网 2 的数据

2. 数据属性映射与功能测试

图 4.13 所示为数据属性的映射操作，为简化系统的复杂度，加上数据属性较少，暂时采用手工的方式实现异构数据属性的映射，以后考虑采用语义映射实现。

序号	属性名	源属性	源数据库	源数据表	属性描述	修改
6	nodeid	moteid	1	2	node id	修改
7	period	epoch	1	2	collection period	修改
8	temp	temperature	1	2	temperature	修改
9	humi	humidity	1	2	humidity	修改
10	light	light	1	2	light	修改
11	vol	voltage	1	2	voltage	修改
14	nodeid	nodeid	2	4	node id	修改
18	humi	humi	2	5	humidity	修改
19	temp	teme	2	5	temperature	修改
20	vol	voltage	3	5	voltage	修改
21	pm25	pm25	2	5	ph25 value	修改
22	collecttime	collecttime	2	5	collect time	修改

图 4.13 多源异构数据属性映射

4.3.3 数据融合功能测试

（1）普通用户提交数据融合请求，如图 4.14 所示，选择数据融合场景。数据融合场景有四种：监控设备、监控参数、监控时间及监控区域。

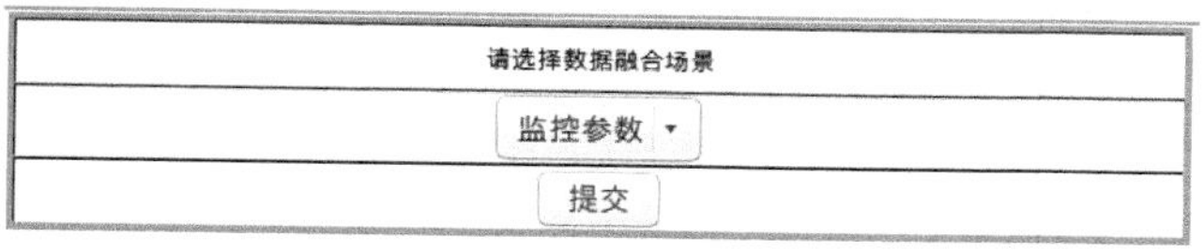

图 4.14 数据融合场景选择

（2）选择要进行融合的数据属性，如图 4.15 所示。选择数据属性后向系统提交融合请求，提交请求后，用户可通过系统的短消息模块向系统管理员发送提醒，提示系统管理员及时进行数据的融合。

（3）系统管理员查看并执行数据融合业务列表，如图 4.16 所示。系统管理员根据用户的要求，及时进行数据融合操作，并将结果通过短消息模块通知用户，提高系统的响应效率。

选择属性	可选属性
☑	nodeid
☑	period
☑	temp
☑	humi
☑	light
☐	vol
☐	pm25
☐	collecttime
提交	

图 4.15 数据属性选择

	序号	业务	类型	详细要求	状态	提交用户	提交时间
○	2	监控参数业务	参数	light,vol,ph25	未执行	lyc	0000-00-00 00:00:00
○	3	监控参数业务	参数	humi,light,vol,ph25	未执行	lyc	2017-08-18 03:27:53
○	4	监控参数业务	参数	light,vol,ph25	未执行	lyc	2017-08-19 03:14:36
○	5	监控参数业务	参数	nodeid,temp,humi,light,vol,collecttime	未执行	lyc	2017-09-30 19:45:13
提交任务							

图 4.16 用户提交的数据融合请求列表

物联网多源异构数据融合系统生成数据融合请求结果，如图 4.17 所示。


```
[{"driver":"com.mysql.jdbc.Driver","url":"192.168.50.105","port":"3306","db":"da
tafusion","user":"myportal","password":"123456","fields":"moteid,temperature,hum
idity,light,voltage","table":"data"},
{"driver":"com.microsoft.sqlserver.jdbc.SQLServerDriver","url":"192.168.50.104",
"port":"1433","db":"iot","user":"sa","password":"123456","fields":"nodeid,teme,h
umi,collecttime","table":"iot_datacollect"}]
```


图 4.17 物联网多源异构数据融合系统生成数据融合请求结果

从图 4.17 可以看出实验部分所用到的数据库配置，包括多源异构数据库的驱动程序，所要使用的数据库、数据表及每个源数据表的数据属性。

(4) 根据用户请求，系统管理员在 Hadoop 集群上执行融合请求业务，如图 4.18 和图 4.19 所示。

```
17/10/23 14:59:35 INFO mapred.MapTask: Starting flush of map output
17/10/23 14:59:35 INFO mapred.MapTask: Finished spill 0
17/10/23 14:59:35 INFO mapred.Task: Task:attempt_local1704431387_0001_m_000001_0 is done. And is in tl
17/10/23 14:59:35 INFO mapred.LocalJobRunner:
17/10/23 14:59:35 INFO mapred.Task: Task 'attempt_local1704431387_0001_m_000001_0' done.
17/10/23 14:59:35 INFO mapred.LocalJobRunner: Finishing task: attempt_local1704431387_0001_m_000001_0
17/10/23 14:59:35 INFO mapred.LocalJobRunner: Map task executor complete.
17/10/23 14:59:35 INFO mapred.Task:  Using ResourceCalculatorPlugin : org.apache.hadoop.util.LinuxResc
17/10/23 14:59:35 INFO mapred.LocalJobRunner:
17/10/23 14:59:35 INFO mapred.Merger: Merging 2 sorted segments
17/10/23 14:59:35 INFO mapred.Merger: Down to the last merge-pass, with 2 segments left of total size
17/10/23 14:59:35 INFO mapred.LocalJobRunner:
17/10/23 14:59:35 INFO reduceSizeJoin.ReduceSideJoin_LeftOuterJoin: datafusion:[122.153 -3.91901
17/10/23 14:59:35 INFO reduceSizeJoin.ReduceSideJoin_LeftOuterJoin: iot:[29.0   29.0    0.0, 29.0
17/10/23 14:59:36 INFO mapred.JobClient:  map 100% reduce 0%
17/10/23 14:59:39 INFO mapred.Task: Task:attempt_local1704431387_0001_r_000000_0 is done. And is in tl
17/10/23 14:59:39 INFO mapred.LocalJobRunner:
17/10/23 14:59:39 INFO mapred.Task: Task attempt_local1704431387_0001_r_000000_0 is allowed to commit
17/10/23 14:59:39 INFO output.FileOutputCommitter: Saved output of task 'attempt_local1704431387_0001
17/10/23 14:59:39 INFO mapred.LocalJobRunner: reduce > reduce
17/10/23 14:59:39 INFO mapred.Task: Task 'attempt_local1704431387_0001_r_000000_0' done.
17/10/23 14:59:40 INFO mapred.JobClient:  map 100% reduce 100%
17/10/23 14:59:40 INFO mapred.JobClient: Job complete: job_local1704431387_0001
17/10/23 14:59:40 INFO mapred.JobClient: Counters: 22
17/10/23 14:59:40 INFO mapred.JobClient:   File Output Format Counters
17/10/23 14:59:40 INFO mapred.JobClient:     Bytes Written=57399000
17/10/23 14:59:40 INFO mapred.JobClient:   FileSystemCounters
17/10/23 14:59:40 INFO mapred.JobClient:     FILE_BYTES_READ=72787
17/10/23 14:59:40 INFO mapred.JobClient:     HDFS_BYTES_READ=164137
```

图 4.18　Hadoop 集群上执行融合请求业务（一）

```
17/10/23 14:59:39 INFO mapred.LocalJobRunner:
17/10/23 14:59:39 INFO mapred.Task: Task attempt_local1704431387_0001_r_000000_0 is allowed t
17/10/23 14:59:39 INFO output.FileOutputCommitter: Saved output of task 'attempt_local1704431
17/10/23 14:59:39 INFO mapred.LocalJobRunner: reduce > reduce
17/10/23 14:59:39 INFO mapred.Task: Task 'attempt_local1704431387_0001_r_000000_0' done.
17/10/23 14:59:40 INFO mapred.JobClient:  map 100% reduce 100%
17/10/23 14:59:40 INFO mapred.JobClient: Job complete: job_local1704431387_0001
17/10/23 14:59:40 INFO mapred.JobClient: Counters: 22
17/10/23 14:59:40 INFO mapred.JobClient:   File Output Format Counters
17/10/23 14:59:40 INFO mapred.JobClient:     Bytes Written=57399000
17/10/23 14:59:40 INFO mapred.JobClient:   FileSystemCounters
17/10/23 14:59:40 INFO mapred.JobClient:     FILE_BYTES_READ=72787
17/10/23 14:59:40 INFO mapred.JobClient:     HDFS_BYTES_READ=164137
17/10/23 14:59:40 INFO mapred.JobClient:     FILE_BYTES_WRITTEN=387314
17/10/23 14:59:40 INFO mapred.JobClient:     HDFS_BYTES_WRITTEN=57399000
17/10/23 14:59:40 INFO mapred.JobClient:   File Input Format Counters
17/10/23 14:59:40 INFO mapred.JobClient:     Bytes Read=65634
17/10/23 14:59:40 INFO mapred.JobClient:   Map-Reduce Framework
17/10/23 14:59:40 INFO mapred.JobClient:     Map output materialized bytes=71411
17/10/23 14:59:40 INFO mapred.JobClient:     Map input records=2000
17/10/23 14:59:40 INFO mapred.JobClient:     Reduce shuffle bytes=0
17/10/23 14:59:40 INFO mapred.JobClient:     Spilled Records=4000
17/10/23 14:59:40 INFO mapred.JobClient:     Map output bytes=67399
17/10/23 14:59:40 INFO mapred.JobClient:     Total committed heap usage (bytes)=460075008
17/10/23 14:59:40 INFO mapred.JobClient:     CPU time spent (ms)=0
17/10/23 14:59:40 INFO mapred.JobClient:     SPLIT_RAW_BYTES=231
17/10/23 14:59:40 INFO mapred.JobClient:     Combine input records=0
17/10/23 14:59:40 INFO mapred.JobClient:     Reduce input records=2000
17/10/23 14:59:40 INFO mapred.JobClient:     Reduce input groups=1
17/10/23 14:59:40 INFO mapred.JobClient:     Combine output records=0
17/10/23 14:59:40 INFO mapred.JobClient:     Physical memory (bytes) snapshot=0
17/10/23 14:59:40 INFO mapred.JobClient:     Reduce output records=1000000
17/10/23 14:59:40 INFO mapred.JobClient:     Virtual memory (bytes) snapshot=0
17/10/23 14:59:40 INFO mapred.JobClient:     Map output records=2000
```

图 4.19　Hadoop 集群上执行融合请求业务（二）

4.4 物联网多源异构数据融合系统性能测试

对于系统模型的性能分析从两个方面比较：MapReduce 节点数目对于数据集成的影响；如何处理不同数据量性能。

（1）测试在不同节点下整个系统的运行状况。环境监测物联网 1 的 datafusion 表有 230 万条数据，环境监测物联网 2 的 iot 表中有 54 万条数据，两张表拥有相同数量的 key，有 10% key 的值相同，可以进行数据融合。

图 4.20 显示为 Hadoop 节点数对系统性能的影响。Hadoop 从 1 个节点逐步增加到 8 个节点，每次增加 1 个。系统的数据保持不变。

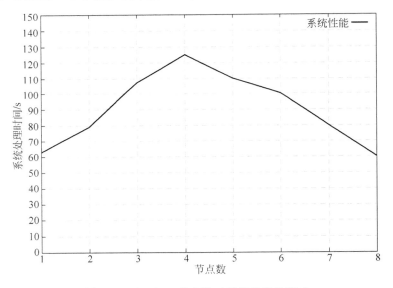

图 4.20 Hadoop 节点数对系统性能的影响

从图 4.20 中可以看出，当数据量较少时，只有 1 个节点的系统性能却比拥有 4 个节点的系统性能高，但 8 个节点的情况下又比 1 个节点的性能好。结合图 4.16、图 4.17 中的 Reduce 端数据连接可知，由于在 Reduce 端数据连接的过程中需要花费大量的时间用于将 Map 方法的处理结果传输到 Reduce 方法，在 1 个节点的情况下，都是本地的数据处理，没有网络间的数据传输，所以性能好于 4 个节点的情况。但是使用 8 个节点的时候分布式系统的性能就体现出来了。

（2）分别以 1、2.5、5、7.5、10（十万条）数据测试 8 个节点条件下系统的性能(10%数据可以进行数据融合处理),其测试结果如图 4.21 所示。

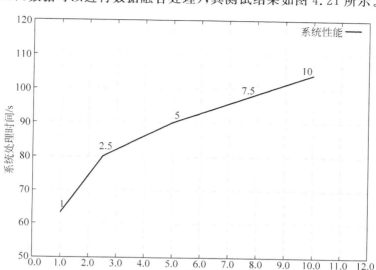

图 4.21 数据量对系统性能的影响

通过上述实验表明本架构模型能够在较短时间内处理多数据源海量数据,为用户请求提供完整信息的同时满足了速度快、效率高的要求,取得较好的实现效果。此外,也表明本系统的使用有一定的局限性,适合如物联网业务平台此类对海量数据进行数据集成的业务。

传统的环境监测系统对于数据的处理并没有数据融合处理的过程,也没有借助分布式的处理方式,所以在数据处理上与基于数据融合技术的环境监测系统是不具可比性的。在存储方面,传统系统的存储是在秒甚至分钟的量级上的,若将所有数据存储,可能需要数十分钟甚至以小时为计量单位。在结合使用 Map Reduce 之后进行存储时是在毫秒级进行的,这种特性在进行更多数据处理时更加显著,在存储效率上是一个极大的提升。

4.5 重要的源程序

4.5.1 Json 文件的生成

Json 文件的代码生成过程如下:

```php
<?php require_once('../Connections/conndf.php'); ?>
<?php
  if (!function_exists("GetSQLValueString")) {
function GetSQLValueString( $theValue, $theType, $theDefinedValue = "",
 $theNotDefinedValue = "")
      {
  if (PHP_VERSION < 6) {
      $theValue = get_magic_quotes_gpc() ? stripslashes( $theValue) : $theValue;
   }
     $theValue = function_exists("mysql_real_escape_string") ?
mysql_real_escape_string( $theValue) : mysql_escape_string( $theValue);
    switch ( $theType) {
      case "text":
        $theValue = ( $theValue != "") ? "'" . $theValue . "'" : "NULL";
       break;
           case "long":
      case "int":
        $theValue = ( $theValue != "") ? intval( $theValue) : "NULL";
        break;
      case "double":
        $theValue = ( $theValue != "") ? doubleval( $theValue) : "NULL";
        break;
      case "date":
        $theValue = ( $theValue != "") ? "'" . $theValue . "'" : "NULL";
        break;
      case "defined":
        $theValue = ( $theValue != "") ? $theDefinedValue : $theNotDefinedValue;
        break;
    }
    return $theValue;
 }
}
mysql_select_db( $database_conndf, $conndf);
 $sql_ds = "select * from datasource where status = 1";
 $arrds = mysql_query( $sql_ds, $conndf) or die(mysql_error());
 $row_ds = mysql_fetch_assoc( $arrds);
 $arrset = array();
do{
     $fieldset = "";
    // $tid = 0;
     $arr = split(',', $_POST['busiid']);
     for( $i = 0; $i < count( $arr); $i++){
```

```php
        //echo $arr[$i]."<br>";
        $query_attrmap = "SELECT * FROM attributemap WHERE colName = '$arr[$i]'"." and dsid = ".$row_ds['dataSourceId'];
        //echo $query_attrmap."<br>";
        $attrmap = mysql_query($query_attrmap, $conndf) or die(mysql_error());
        $row_attrmap = mysql_fetch_assoc($attrmap);
        $totalRows_attrmap = mysql_num_rows($attrmap);
        //echo "record num is ".$totalRows_attrmap."<br>";
        if($totalRows_attrmap>0){
            do {
                //echo "colname is " . $row_attrmap['colName']."<br>";
                //echo "dsid is " . $row_attrmap['dsid']."<br>";
                //echo "tid is " . $row_attrmap['tid']."<br>";
                //echo "sAttr is " . $row_attrmap['sAttr']."<br>";
                $fieldset = $fieldset.$row_attrmap['sAttr'].",";
                $tid = $row_attrmap['tid'];
            } while ($row_attrmap = mysql_fetch_assoc($attrmap));
            //echo $fieldset."<br>";
        }
    }
    //echo substr($fieldset,0,strlen($fieldset)-1)."<br>";
    $sql_dt = "select * from tables where tableid = ".$tid;
    //echo $sql_dt;
    $arrdt = mysql_query($sql_dt, $conndf) or die(mysql_error());
    $row_dt = mysql_fetch_assoc($arrdt);
    do {
        //echo $row_dt['tablename']."<br>";
        $tablename = $row_dt['tablename'];
    } while ($row_dt = mysql_fetch_assoc($arrdt));
    $fields = substr($fieldset,0,strlen($fieldset)-1);
    $arr = array ('driver'=>$row_ds['dataSourceDriver'],'url'=>$row_ds['dataSourceURL'],'port'=>$row_ds['dataSourceSocket'],'db'=>$row_ds['dbName'],'user'=>$row_ds['dataSourceUser'],'password'=>$row_ds['dataSourcePwd'],'fields'=>$fields,'table'=>$tablename);
array_push($arrset,$arr);
}while ($row_ds = mysql_fetch_assoc($arrds));
// $arrds = array('datasource'=>$arrset);
$json_string = json_encode($arrset);
file_put_contents('../json/dsconf.json', $json_string);
?>
<?php
mysql_free_result($attrmap);
?>
```

4.5.2 数据属性映射

数据属性映射的代码如下:

```php
<?php
if (!function_exists("GetSQLValueString")) {
function GetSQLValueString( $theValue, $theType, $theDefinedValue = "",
$theNotDefinedValue = "")
{
  if (PHP_VERSION < 6) {
    $theValue = get_magic_quotes_gpc() ? stripslashes( $theValue) : $theValue;
  }
  $theValue = function_exists("mysql_real_escape_string") ?
mysql_real_escape_string( $theValue) : mysql_escape_string( $theValue);
  switch ( $theType) {
    case "text":
    $theValue = ( $theValue != "") ? "'" . $theValue . "'" : "NULL";
      break;
    case "long":
    case "int":
      $theValue = ( $theValue != "") ? intval( $theValue) : "NULL";
      break;
    case "double":
      $theValue = ( $theValue != "") ? doubleval( $theValue) : "NULL";
      break;
    case "date":
      $theValue = ( $theValue != "") ? "'" . $theValue . "'" : "NULL";
      break;
    case "defined":
      $theValue = ( $theValue != "") ? $theDefinedValue : $theNotDefinedValue;
      break;
  }
  return $theValue;
}
}
$currentPage = $_SERVER["PHP_SELF"];
$maxRows_attr = 15;
$pageNum_attr = 0;
if (isset( $_GET['pageNum_attr'])) {
  $pageNum_attr = $_GET['pageNum_attr'];
}
$startRow_attr = $pageNum_attr * $maxRows_attr;
```

```
mysql_select_db( $ database_conndf, $ conndf);
$ query_attr = "SELECT * FROM attributemap ORDER BY attributeId ASC";
$ query_limit_attr = sprintf("% s LIMIT % d, % d", $ query_attr, $ startRow
_attr, $ maxRows_attr);
$ attr = mysql_query( $ query_limit_attr, $ conndf) or die(mysql_error());
$ row_attr = mysql_fetch_assoc( $ attr);
if (isset( $ _GET['totalRows_attr'])) {
    $ totalRows_attr = $ _GET['totalRows_attr'];
} else {
    $ all_attr = mysql_query( $ query_attr);
    $ totalRows_attr = mysql_num_rows( $ all_attr);
}
$ totalPages_attr = ceil( $ totalRows_attr/ $ maxRows_attr) - 1;
$ queryString_attr = "";
if (!empty( $ _SERVER['QUERY_STRING'])) {
    $ params = explode("&", $ _SERVER['QUERY_STRING']);
    $ newParams = array();
    foreach ( $ params as $ param) {
        if (stristr( $ param, "pageNum_attr") == false &&
            stristr( $ param, "totalRows_attr") == false) {
            array_push( $ newParams, $ param);
        }
    }
    if (count( $ newParams) != 0) {
        $ queryString_attr = "&" . htmlentities(implode("&", $ newParams));
    }
}
$ queryString_attr = sprintf("&totalRows_attr = % d% s", $ totalRows_attr,
$ queryString_attr);
?>
```

4.5.3 数据连接的 MapReduce 编码

数据连接的 MapReduce 编码过程如下:

```
package com.mr.reduceSizeJoin;
import java.io.IOException;
import java.util.ArrayList;
import org.apache.hadoop.conf.Configuration;
import org.apache.hadoop.conf.Configured;
import org.apache.hadoop.fs.Path;
import org.apache.hadoop.io.Text;
```

```java
import org.apache.hadoop.mapreduce.Job;
import org.apache.hadoop.mapreduce.Mapper;
import org.apache.hadoop.mapreduce.Reducer;
import org.apache.hadoop.mapreduce.lib.input.FileInputFormat;
import org.apache.hadoop.mapreduce.lib.input.FileSplit;
import org.apache.hadoop.mapreduce.lib.input.TextInputFormat;
import org.apache.hadoop.mapreduce.lib.output.FileOutputFormat;
import org.apache.hadoop.mapreduce.lib.output.TextOutputFormat;
import org.apache.hadoop.util.Tool;
import org.apache.hadoop.util.ToolRunner;
import org.slf4j.Logger;
import org.slf4j.LoggerFactory;
public class ReduceSideJoin_LeftOuter extends Configured implements Tool{
        //com.mr.reduceSizeJoin.ReduceSideJoin_LeftOuterJoin
    private static final Logger logger = LoggerFactory.getLogger(ReduceSideJoin_LeftOuterJoin.class);
        public static class LeftOutJoinMapper extends Mapper< Object, Text, Text, CombineValues > {
        private CombineValues combineValues = new CombineValues();
            private Text flag = new Text();
            private Text joinKey = new Text();
            private Text secondPart = new Text();
    @Override
     protected void map (Object key, Text value, Context context) throws IOException, InterruptedException {
                    //获得文件输入路径
            String pathName = ((FileSplit) context.getInputSplit()).getPath().toString();
            System.out.println("pathName is " + pathName);
                    //数据来自 tb_dim_city.dat 文件,标志即为"0"
         if(pathName.endsWith("datafusion.txt")){
                String[] valueItems = value.toString().split(",");
                System.out.println("1st is " + valueItems[0] + " 2nd is " + valueItems[1] + " 3rd is " + valueItems[2]);
                //过滤格式错误的记录
                    if(valueItems.length != 5){
                   return;
                }
                flag.set("0");
                joinKey.set(valueItems[0]);
    secondPart.set(valueItems[1] + "\t" + valueItems[2] + "\t" + valueItems[3] + "\t" + valueItems[4]);
                    combineValues.setFlag(flag);
```

```java
                combineValues.setJoinKey(joinKey);
                combineValues.setSecondPart(secondPart);
                context.write(combineValues.getJoinKey(), combineValues);
            }//数据来自于 tb_user_profiles.dat,标志即为"1"
            else if(pathName.endsWith("iot.txt")){
                String[] valueItems = value.toString().split(",");
                //过滤格式错误的记录
                if(valueItems.length != 4){
                    return;
                }
                flag.set("1");
                joinKey.set(valueItems[0]);
    secondPart.set(valueItems[1] + "\t" + valueItems[1] + "\t" + valueItems[2]);
                combineValues.setFlag(flag);
                combineValues.setJoinKey(joinKey);
                combineValues.setSecondPart(secondPart);
                context.write(combineValues.getJoinKey(), combineValues);
            }
        }
    }

    public static class LeftOutJoinReducer extends Reducer<Text, CombineValues, Text, Text> {
        //存储一个分组中的左表信息
        private ArrayList<Text> leftTable = new ArrayList<Text>();
        //存储一个分组中的右表信息
        private ArrayList<Text> rightTable = new ArrayList<Text>();
        private Text secondPar = null;
        private Text output = new Text();
        /**
         * 一个分组调用一次 reduce 函数
         */
        @Override
        protected void reduce(Text key, Iterable<CombineValues> value, Context context) throws IOException, InterruptedException {
            leftTable.clear();
            rightTable.clear();
            /**
             * 将分组中的元素按照文件分别进行存放
             * 这种方法要注意的问题:
             * 如果一个分组内的元素太多的话,可能会导致在 reduce 阶段
             * 出现 OOM,
```

```
     * 在处理分布式问题之前最好先了解数据的分布情况,根据不
     * 同的分布采取最适当的处理方法,这样可以有效地防止导致
     * OOM 和数据过度倾斜问题
     */
                for(CombineValues cv : value){
                        secondPar = new Text(cv.getSecondPart().
toString());
                        //左表 tb_dim_city
    if("0".equals(cv.getFlag().toString().trim())){
                                leftTable.add(secondPar);
                        }
                        //右表 tb_user_profiles
                        else
    if("1".equals(cv.getFlag().toString().trim())){
                                rightTable.add(secondPar);
                        }
                }
                logger.info("datafusion:" + leftTable.toString());
                logger.info("iot:" + rightTable.toString());
                for(Text leftPart : leftTable){
                    for(Text rightPart : rightTable){
                        output.set(leftPart + "\t" + rightPart);
                        context.write(key, output);
                    }
                }
            }
        }

        @Override
        public int run(String[] args) throws Exception {
            Configuration conf = new Configuration();
              //获得配置文件对象
            Job job = new Job(conf,"LeftOutJoinMR");
            job.setJarByClass(ReduceSideJoin_LeftOuterJoin.class);
            FileInputFormat.addInputPath(job, new Path(args[0]));
              //设置 map 输入文件路径
            FileOutputFormat.setOutputPath(job, new Path(args[1]));
              //设置 reduce 输出文件路径

            job.setMapperClass(LeftOutJoinMapper.class);
            job.setReducerClass(LeftOutJoinReducer.class);
            job.setInputFormatClass(TextInputFormat.class);
              //设置文件输入格式
```

```java
            job.setOutputFormatClass(TextOutputFormat.class);
            //使用默认的 output 格式

            //设置 map 的输出 key 和 value 类型
            job.setMapOutputKeyClass(Text.class);
            job.setMapOutputValueClass(CombineValues.class);

            //设置 reduce 的输出 key 和 value 类型
            job.setOutputKeyClass(Text.class);
            job.setOutputValueClass(Text.class);
            job.waitForCompletion(true);
            return job.isSuccessful()?0:1;
        }

        public static void main(String[] args) throws IOException,
ClassNotFoundException, InterruptedException {
            try {
                int returnCode = ToolRunner.run(new ReduceSideJoin_LeftOuter(),args);
                System.exit(returnCode);
            }catch (Exception e) {
                // TODO Auto-generated catch block
                logger.error(e.getMessage());
            }
        }
    }
```

4.5.4 虚拟数据库代码

解析器关键代码实现如下:

```java
                    //解析对象
BeanInfo beanInfo = Introspector.getBeanInfo(obj.getClass());
PropertyDescriptor[] pds = beanInfo.getPropertyDescriptors();
    if (pds != null) {
        int k = 0;int size = pds.length;
            //获得对象属性与属性值
        String[] properties = new String[size - 1];
        Object[] values = new Object[size - 1];
        beanInformation = new BeanInformation();
        for (int i = 0; i < size; i++) {
            properties[k] = pds[i].getName();
```

```
                    if (properties[k].equals("class"))
                        continue;
                    values[k] = pds[i].getReadMethod().invoke(obj);
                    k++;
                }
                beanInformation.setProperties(properties);
                beanInformation.setValues(values);
            }
```

数据类型关键代码如下：

```
//注册公共数据类型
private static List<Class> typeList = new LinkedList<Class>();
    static{
    typeList.add(int.class);
    typeList.add(float.class);
    typeList.add(double.class);
    typeList.add(Integer.class);
    typeList.add(Float.class);
    typeList.add(Double.class);
    typeList.add(String.class);
}
    //生成公共删除对象记录 SQL 语句
    BeanInformation beanInformation = parseObject(obj);
    if (beanInformation != null) {
        int j = 0;
        String[] properties = beanInformation.getProperties();
        Object[] values = beanInformation.getValues();
        int length = properties.length - 1;
        for (int i = 0; i <= length; i++) {
            if (properties[i].toLowerCase().equals("id")) {
                j = i;
                break;
            }
        }
        sql = "delete from " + getTableName(obj) + " where "
                        + properties[j] + " = '" + values[j] + "'";
}
```

数据连接池关键代码如下：

```
//初始化 Hash 并发连接池
connections = new ConcurrentHashMap<String, ConnectionPool>();
//通过 key-value 将连接放入连接池
```

```java
    public void put(String key,ConnectionProvider cp)
    {
        if(key!= null)
        {
        ConnectionPool connectionPool = connections.get(key);
        if(connectionPool!= null)
        {
            if(connectionPool.isFull())
                cp.closeConnection();
            else {
                connectionPool.put(cp.getConnection());
            }
        }
        else {
            connectionPool = new ConnectionPool();
            connectionPool.put(cp.getConnection());
        }
        connections.put(key, connectionPool);
        }
    }
//通过 key 从连接池取出连接
public Connection take(String key,ConnectionProvider cp)
    {
    Connection connection = null;
        if(key!= null)
        {
        ConnectionPool connectionPool = connections.get(key);
        if(connectionPool!= null)
        {
            if(connectionPool.isEmpty())
            {
                connection = cp.getConnection();
                connectionPool.put(connection);
            }
            else
            {
                connection = connectionPool.take();
                cp.setConnection(connection);
            }
        }
        else {
            connection = cp.getConnection();
            if(connection!= null&&Utilizes.checkEmpty(cp.getUrl()))
```

```
                this.put(cp.getUrl(), cp);
            }
        }
        return connection;
    }
}
```

对象连接器具体实现如下所示:

```
protected Object generateObject(ResultSet rs, Object obj) {
    if (rs != null) { //获得查询结果元数据
        ResultSetMetaData rsmd = rs.getMetaData();
        int colums = rsmd.getColumnCount();
        for (int i = 1; i <= colums; i++) {
            Object ret = rs.getObject(i);
            if (ret != null) { //对象封装
                PropertyDescriptor pd = new PropertyDescriptor(
                    rsmd.getColumnName(i), obj.getClass());
                Method setMethod = pd.getWriteMethod();
                setMethod.invoke(obj, ret);
            }
        }
    return retVal = obj;
}
```

对象合成关键代码如下:

```
ResultSet rs = query(sql, obj);                    //查询结果
if(rs!= null)
{
    int size = rs.getMetaData().getColumnCount();
    //rs.beforeFirst();
    if(first > 0&&end > 0&&first <= end)           //设置限制条件
    {
        if(first > 1)
            rs.absolute(first - 1);
        size = end - first;
    }
    list = new ArrayList();                        //对象集合
    while(rs.next()&&size >= 0)
    {
        Object ret = cls.newInstance();
        ret = generateObject(rs, ret);
        if(ret!= null)
```

```
        {
            list.add(ret);                    //对象合成
        }
        size--;
    }
}
```

4.6　本章小结

本章着重介绍物联网多源异构数据融合原型系统的总体设计及功能测试。首先介绍物联网多源异构数据融合原型系统的功能模块，然后介绍物联网多源异构数据融合原型系统的设计与实现，重点介绍了关键的环境部署与执行、属性映射及数据融合等组件的具体实现细节。最后介绍了物联网多源异构数据融合原型系统的性能测试。基于 MapReduce 数据集成及数据融合方案实验结果表明，该架构模型能够在较短时间内处理多数据源海量数据，为用户请求提供完整信息的同时满足了速度快、效率高的要求，取得较好的实现效果。

第5章 多源异构信息融合系统软件简介

物联网多源异构信息融合系统具有多角度的感知使得数据具有较高的属性维度,而且由于系统多种类型感知设备的互联与信息交换,使得大量异构数据的存在,可完整地、准确地、及时和有效地综合信息处理,物联网多源异构信息融合系统是对适应物联网特点的信息融合过程的全局性的诠释,具有重要的指导作用。

5.1 软件简介

5.1.1 软件特点

该软件具有以下特点:

(1) 界面友好。仿原始凭证的程序操作界面,简洁直观,即学即用。

(2) 操作简单。程序流程简单清晰,信息录入量小,简单的鼠标单击或输入数字即可完成人造革生产线自动统计功能,使初级管理人员应用软件变为可能。

(3) 功能实用。智能监控过程,把握每个环节。

(4) 应用灵活。通过参数化配置,上下游安全通信,多渠道及时反馈。

(5) 运行稳定。根据项目的实际需求和软件应用情况,不断完善和升级,多年的应用和测试,使软件运行稳定可靠。

5.1.2 软件功能

根据物联网多源异构信息融合的实际特点,物联网多源异构信息融合系统提供了基本信息、实时监测、传感器管理、物联网技术、振动信号、数据分析以及系统管理等主要功能模块。

5.2 安装

安装步骤如下:

1. 安装第一步

下载"物联网多源异构信息融合系统"以后,单击物联网多源异构信息融合系统的安装包,即可弹出安装的第一步界面,如图 5.1 所示。

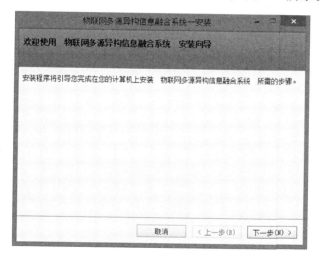

图 5.1　安装第一步

在安装第一步界面中了解本系统的安装向导,对名称进行核对正确后再进行其他操作。

2. 安装第二步

单击安装第一步界面中的"下一步"按钮,即可跳转至安装第二步的界面,对其进行了解和设置,如图 5.2 所示。

面向云平台的物联网多源异构信息融合方法

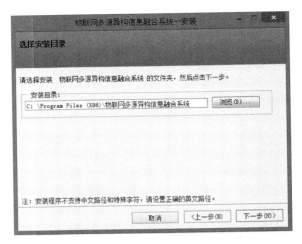

图 5.2　安装第二步

在安装第二步界面中,选择物联网多源异构信息融合系统的安装文件夹,要选择不同的位置,可以键入新的路径,或单击"浏览"按钮浏览现有的文件夹,注意安装程序不支持中文路径和特殊字符,需设置正确的英文路径。

3. 安装第三步

单击安装第二步界面中的"下一步"按钮,跳转至安装第三步的界面,对其进行确定,如图 5.3 所示。

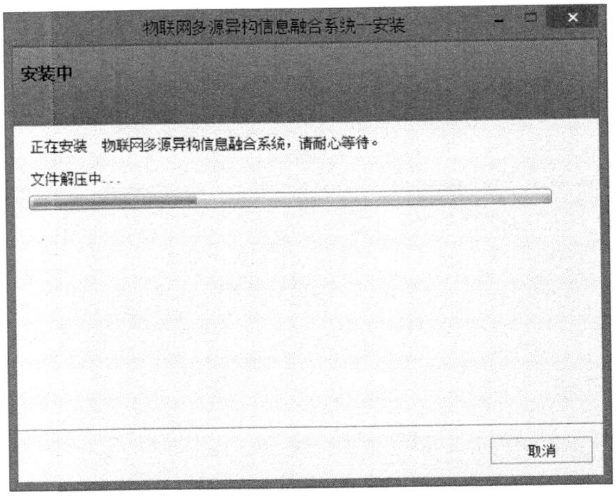

图 5.3　安装第三步

在安装第三步界面中,实时了解安装物联网多源异构信息融合系统的进度,若想中止安装可直接单击"取消"按钮,若想继续安装需等待进度条加满。

4. 安装完成

当图 5.3 中的安装进度条满了以后,即可跳转至安装完成的界面,对其进行了解和设置,如图 5.4 所示。

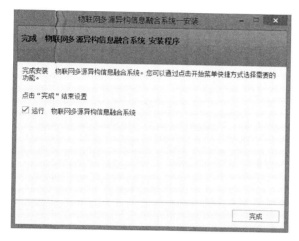

图 5.4　安装完成

在安装完成界面中对物联网多源异构信息融合系统的安装完成与否进行了解,若是安装完成,桌面即可出现物联网多源异构信息融合系统的快捷图标,单击"完成"按钮,退出该安装程序。

5.3　功能操作

5.3.1　程序界面介绍

当操作员进入系统后,其程序主界面由五部分组成物联网多源异构信息融合系统,如图 5.5 所示。

1. 标题栏

窗口最上部为标题栏区域(见图 5.6),用于显示软件系统名称信息,以及系统快捷功能按钮,如首页、刷新、后退、前进以及注销等。

图 5.5　程序主界面

图 5.6　标题栏

2. 导航区

即操作员使用日期及当前位置向导,还有页面右侧的账号管理以及修改密码等图文按钮,如图 5.7 所示。

图 5.7　导航区

3. 工作台

在页面右侧则用于放置工作时所打开的一个或多个窗口,如图 5.8 所示。

在此系统首页显示当前用户、公告通知、快速入口、我的工作等菜单信息。

第5章 多源异构信息融合系统软件简介

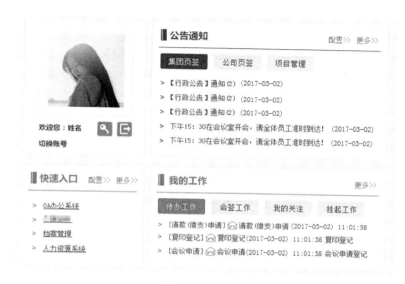

图 5.8 工作台

4. 功能区

在页面左侧是本系统的功能菜单,如图 5.9 所示。

图 5.9 功能区

功能菜单显示本系统的所有功能,包括基本信息、实时监测、传感器管理、物联网技术、振动信号、数据分析以及系统管理等功能模块。

5. 状态栏

在页面最下方显示当前用户、角色以及时间信息,如图 5.10 所示。

图 5.10　状态栏

5.3.2　实时监测

1. 启动实时监测

在"实时监测"功能菜单栏中单击"实时监测"功能菜单下面的"实时监测"按钮,弹出"实时监测"的功能界面,如图 5.11 所示。

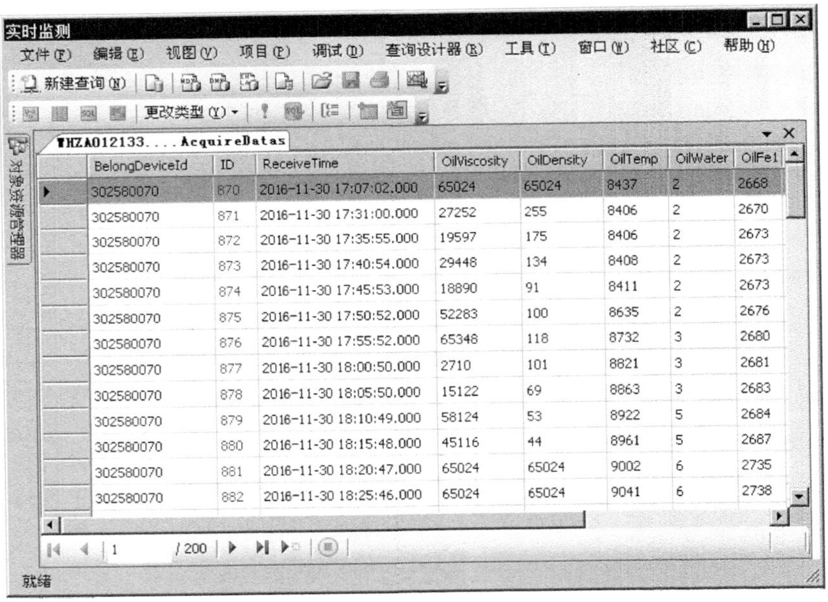

图 5.11　实时监测

在"实时监测"功能界面中,用户可以在界面上方选择文件、编辑、视图、项目、调试、查询设计器等功能按钮进行操作。

2. 预应力检测

在"实时监测"功能菜单栏中单击"预应力检测"功能菜单下面的"预应力检测"按钮,弹出"预应力检测"的功能界面,如图 5.12 所示。

第5章 多源异构信息融合系统软件简介

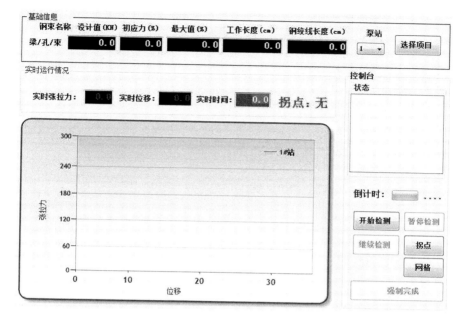

图 5.12 预应力检测

在"预应力检测"功能界面，用户可以查看的基础信息包括钢束名称、设计值、初应力、最大值、工作长度、钢绞线长度以及泵站的选择等。

在界面下方，用户还可以了解实时运行情况，包括实时张拉力、实时位移、实时时间等。

5.3.3 传感器管理

1. 传感器检测

在"传感器管理"功能菜单栏中单击"传感器检测"功能菜单下面的"传感器检测"按钮，弹出"传感器检测"的功能界面，如图5.13所示。

在"传感器检测"功能界面，用户可以了解的信息包括传感器所测电压、温度、功率，以及当前值、最低值和最高值等。

2. 振动信号监测

在"传感器管理"功能菜单栏中单击"振动信号监测"功能菜单下面的"振动信号监测"按钮，弹出"振动信号监测"的功能界面，如图5.14所示。

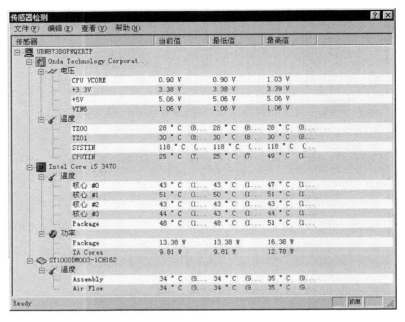

图 5.13 传感器检测

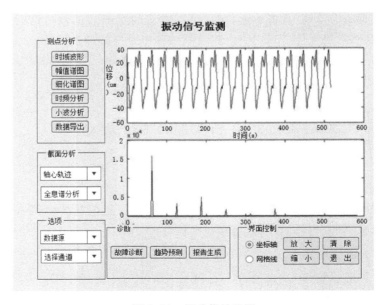

图 5.14 振动信号监测

在"振动信号监测"界面一,用户可以对传感器所测的振动信号进行熟悉和了解。

在界面的左上方,用户可以选择测点分析功能按钮,包括时域波性、幅值谱图、细化谱图、时频分析、小波分析以及数据导出等,如图5.15所示。

在界面左下方位置,用户可以看到截面分析与选项的分组栏,用户可以选择轴心轨迹、全息谱分析、数据源、通道等,如图5.16所示。

图5.15 "振动信号监测"界面(一)

图5.16 "振动信号监测"界面(二)

在界面的右下方位置,用户可以看到诊断与界面控制的分组框(见图5.17)。当用户单击"故障诊断"功能按钮时,弹出"故障诊断"的功能界面(见图5.18)。

图5.17 "振动信号监测"界面(三)

在"故障诊断"功能界面,用户可以选择电缆线路名称以及开关号进行查看,功能包括振荡波及PD信号、PD故障定位、故障谱图分析以及PD类型等。

在图5.18界面右侧显示测量及分析功能界面,包括电缆参数、数据保存、参数设置、数据分析、方波校正、谱图查询、启动试验、下位机控制等功能按钮,如图5.19所示。

运行情况信息显示正在采集、采集结束等,显示的数据信息包括PDmax、试验电压、谐振频率以及试品电容等,如需返回上一界面,单击"返回"按钮即可。

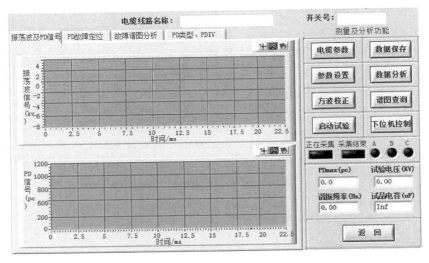

图 5.18　故障诊断界面

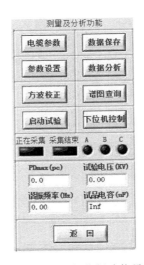

图 5.19　测量与分析功能界面

5.3.4　数据分析

在"数据分析"功能菜单下面选择"历史数据",弹出"历史数据"的功能界面,如图 5.20 所示。

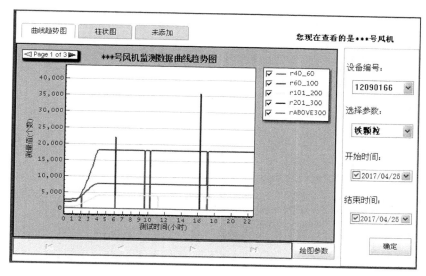

图 5.20　历史数据

在"历史数据"界面,用户可以对相应的设备编号、选择参数、开始时间以及结束时间等进行查询。

5.4　本章小结

本章介绍了物联网多源异构信息融合系统,包括软件的安装、使用和测试。

附　录

本书所开发的物联网多源异构信息融合系统的源代码如下：

```java
package com.Internet;
import java.io.*;
import java.io.IOException;
import java.sql.Connection;
import java.sql.PreparedStatement;
import java.sql.ResultSet;
import java.sql.SQLException;
import java.util.ArrayList;
import java.util.Date;
import java.util.List;
import javax.naming.Context;
import javax.naming.InitialContext;
import javax.naming.NamingException;
import javax.servlet.ServletException;
import javax.servlet.http.HttpServlet;
import javax.servlet.http.HttpServletRequest;
import javax.servlet.http.HttpServletResponse;
import javax.sql.DataSource;
import com.jspsmart.upload.SmartUpload;
import com.jspsmart.upload.SmartUploadException;
public EditBook extends HttpServlet{
    protected void doPost(HttpServletRequest request, HttpServletResponse response) throws ServletException, IOException {
        String set = request.getParameter("set");
        String currentpage = request.getParameter("currentpage");
        int id = 0;
        if(request.getParameter("id")!= null){
            id = Integer.parseInt(request.getParameter("id"));
        }
        if(set.equals("del")){
            Context ctx;
            try {
                ctx = new InitialContext();
                DataSource ds = (DataSource)ctx.lookup("java:/comp/
```

```java
env/jdbc/WebShop");
                        try {
                            Runtime rt = Runtime.getRuntime();
                            try{
                                String path = request.getRealPath("upload") + "\
\" + request.getParameter("System");
                                rt.exec("cmd /c del " + path);
                            }
                            catch (Exception e) { System.out.println(e.
getLocalizedMessage() + ":" + e.getMessage());
                            }
                            Connection conn = ds.getConnection();
                            String sql = "delete from book where id = ?";
                            PreparedStatement pw = conn.prepareStatement(sql);
                            pw.setInt(1, id);
                            pw.execute();
                              pw = conn.prepareStatement("select count( * ) from
book");
                            ResultSet rs = pw.executeQuery();
                            int totalcount = 0;
                            if(rs.next()) totalcount = rs.getInt(1);
                            rs.close();
                            pw.close();
                            conn.close();
                            int totalpage = (totalcount + 9)/10;
     response.sendRedirect("ShowBook.jsp?currentpage = " + currentpage + "
&totalpage = " + totalpage + "&totalcount = " + totalcount);
                        } catch (SQLException e) {
                            e.printStackTrace();
                        }
                    } catch (NamingException e) {
                        e.printStackTrace();
                    }
                }
            else if(set.equals("to")){
                Context ctx;
                try {
                    ctx = new InitialContext();
                    DataSource ds = (DataSource)ctx.lookup("java:/comp/
env/jdbc/WebShop");
                        try {
                            Connection conn = ds.getConnection();
```

```
                        String sql = "";
                        PreparedStatement pw = conn.prepareStatement(sql);
                        pw.setInt(1, id);
                        ResultSet rs = pw.executeQuery();
                        Book b = new Book();
                        if(rs.next()){
                                b.setId(id);
                                b.setTypeid(rs.getInt(2));
                                b.setName(rs.getString(3));
                                b.setPrice(rs.getString(4));
                                b.setSaleprice(rs.getString(5));
                                b.setBookinfo(rs.getString(6));
                                b.setAuthor(rs.getString(7));
                                b.setSystem(rs.getString(8));
                                b.setNum(rs.getInt(9));
                                b.setPublish(rs.getString("publish"));
                                b.setStoretime(rs.getString("storetime"));
                                b.setBuynum(rs.getInt("buynum"));
                        }
                        pw = conn.prepareStatement("select count(*) from
book");
                        rs = pw.executeQuery();
                        int totalcount = 0;
                        if(rs.next()) totalcount = rs.getInt(1);
                        int totalpage = (totalcount + 9)/10;
                        rs.close();
                        pw.close();
                        conn.close();
                        request.setAttribute("tobook", b);
            request.getRequestDispatcher("Book.jsp?currentpage = " + currentpage
+ " &totalpage = " + totalpage + " &totalcount = " + totalcount).forward
(request, response);
                    } catch (SQLException e) {
                            e.printStackTrace();
                    }
                } catch (NamingException e) {
                    e.printStackTrace();
                }
            }
            else if(set.equals("add")){
                    Context ctx;
                        try {
                            ctx = new InitialContext();
```

```java
                    DataSource ds = (DataSource)ctx.lookup
("java:/comp/env/jdbc/WebShop");
                    try {
                        SmartUpload s = new SmartUpload();
                        s.initialize(getServletConfig(), request,
response);
                        try {
                            s.upload();
                            s.("/upload");
                        } catch (SmartUploadException e) {
                            e.printStackTrace();
                        }
                        Connection conn = ds.getConnection();
                        String sql = "insert into book values
(?,?,?,?,?,?,?,?,?,?,?)";
                        PreparedStatement pw = conn.
prepareStatement(sql);
                        pw.setInt(1, Integer.parseInt
(s.getRequest().getParameter("type")));
                        pw.setString(2, s.getRequest().
getParameter("name"));
                        pw.setString(3, s.getRequest().
getParameter("price"));
                        pw.setString(4, s.getRequest().
getParameter("saleprice"));
                        pw.setString(5, s.getRequest().
getParameter("bookinfo"));
                        pw.setString(6, s.getRequest().
getParameter("author"));
                        pw.setString(7, s.gets().get(0).getName());
    pw.setInt(8,Integer.parseInt(s.getRequest().getParameter("num")));
                        pw.setString(9, s.getRequest().
getParameter("publish"));
                        pw.setString(10, new Date().
toLocaleString());
                        pw.setInt(11, 0);
                        pw.execute();
                        pw.close();
                        conn.close();
                        response.sendRedirect("AddBook.jsp");
                    } catch (SQLException e) {
                        e.printStackTrace();
                    }
```

```java
                    } catch (NamingException e) {
                        e.printStackTrace();
                    }
                }
                else if(set.equals("")){
                    Context ctx;
                    try {
                        ctx = new InitialContext();
                        DataSource ds = (DataSource)ctx.lookup("java:/comp/env/jdbc/WebShop");
                        try {
                            Connection conn = ds.getConnection();
                            SmartUpload s = new SmartUpload();
                            s.initialize(getServletConfig(), request, response);
                            try {
                                s.upload();
                                s.("/upload");
                                String sql = " book set typeid = ?, name = ?, saleprice = ?, bookinfo = ?, author = ?, System = ? , num = ?, publish = ? where id = ?";
                                PreparedStatement pw = conn.prepareStatement(sql);
                                pw.setInt(1, Integer.parseInt(s.getRequest().getParameter("typeid")));
                                pw.setString(2, s.getRequest().getParameter("name"));
                                pw.setString(3, s.getRequest().getParameter("saleprice"));
                                pw.setString(4, s.getRequest().getParameter("bookinfo"));
                                pw.setString(5, s.getRequest().getParameter("author"));
                                if(!s.gets().get(0).getName().equals("")){
                                    pw.setString(6, s.gets().get(0).getName());
                                    Runtime rt = Runtime.getRuntime();
                                    try{
                                        String path = request.getRealPath("upload") + "\\" + s.getRequest().getParameter("System");
                                        rt.exec("cmd /c del " + path);
                                    }
```

```java
                                catch(Exception e){
    System.out.println(e.getLocalizedMessage() + ":" + e.getMessage());
                                }
                            }
                            else
                                pw.setString(6, s.getRequest().
getParameter("System"));
                                pw.setInt(7, Integer.parseInt
(s.getRequest().getParameter("num")));
                                pw.setString(8,s.getRequest().
getParameter("publish") );
                                pw.setInt(9, Integer.parseInt
(s.getRequest().getParameter("id")));
                                pw.execute();
                                pw.close();
                                conn.close();
                                response.sendRedirect("");
                        } catch (SmartUploadException e) {
                            e.printStackTrace();
                        }
                    } catch (SQLException e) {
                        e.printStackTrace();
                    }
                } catch (NamingException e) {
                    e.printStackTrace();
                }
        }
        else if(set.equals("find")){
            String type = "";
            Context ctx;
                try {
                    ctx = new InitialContext();
                    DataSource ds = (DataSource)ctx.lookup("java:/comp/
env/jdbc/WebShop");
                        try {
                            Connection conn = ds.getConnection();
                            String sql = "select * from book where id = ?";
                            PreparedStatement pw = conn.prepareStatement(sql);
                            pw.setInt(1, id);
                            ResultSet rs = pw.executeQuery();
                            Book b = new Book();
                            if(rs.next()){
                                b.setId(rs.getInt(1));
```

```
                            b.setTypeid(rs.getInt(2));
                            b.setName(rs.getString(3));
                            b.setPrice(rs.getString(4));
                            b.setSaleprice(rs.getString(5));
                            b.setBookinfo(rs.getString(6));
                            b.setAuthor(rs.getString(7));
                            b.setSystem(rs.getString(8));
                            b.setNum(rs.getInt(9));
                            b.setPublish(rs.getString("publish"));
                        }
                        pw = conn.prepareStatement("select * from booktype
        where id = " + b.getTypeid());
                        rs = pw.executeQuery();
                        if(rs.next()){
                            String str[] = rs.getString("typename").split
        ("#");
                            type = str[0];
                            str[0] = str[1];
                            str[1] = type;
                            type = str[0] + "→" + str[1];
                        }
                        rs.close();
                        pw.close();
                        conn.close();
                        request.setAttribute("findbook", b);
                        request.setAttribute("type", type);
                        request.getRequestDispatcher("merInfo.jsp").
        forward(request, response);
                    } catch (SQLException e) {
                        e.printStackTrace();
                    }
                } catch (NamingException e) {
                    e.printStackTrace();
                }
            }
            else if(set.equals("tomain")){
                List new3 = BookCount.getNew3Books();
                List low3 = BookCount.getLow3Books();
                List hot10 = BookCount.getHot10Books();
                request.setAttribute("new3", new3);
                request.setAttribute("low3", low3);
                request.setAttribute("hot10", hot10);
                request.getRequestDispatcher("UserShowBook.jsp").forward
```

```
(request, response);
            }
            else if(set.equals("new3")){
                Context ctx;
                try {
                    ctx = new InitialContext();
                    DataSource ds = (DataSource)ctx.lookup("java:/comp/env/jdbc/WebShop");
                    try {
                        Connection conn = ds.getConnection();
                        String sql = ;
                        PreparedStatement pw = conn.prepareStatement(sql);
                        ResultSet rs = pw.executeQuery();
                        List list = new ArrayList();
                        while(rs.next()){
                            Book b = new Book();
                            b.setId(rs.getInt(1));
                            b.setTypeid(rs.getInt(2));
                            b.setName(rs.getString(3));
                            b.setPrice(rs.getString(4));
                            b.setSaleprice(rs.getString(5));
                            b.setBookinfo(rs.getString(6));
                            b.setAuthor(rs.getString(7));
                            b.setSystem(rs.getString(8));
                            b.setNum(rs.getInt(9));
                            b.setStoretime(rs.getString("storetime"));
                            b.setPublish(rs.getString("publish"));
                            list.add(b);
                        }
                        rs.close();
                        pw.close();
                        conn.close();
                        request.setAttribute("new3", list);
                        request.getRequestDispatcher("UserShowBook.jsp").forward(request, response);
                    } catch (SQLException e) {
                        e.printStackTrace();
                    }
                } catch (NamingException e) {
                    e.printStackTrace();
                }
            }
            else if(set.equals("newall")){
```

```
                        Context ctx;
                            try {
                                ctx = new InitialContext();
                                DataSource ds = (DataSource)ctx.lookup("java:/comp/
env/jdbc/WebShop");
                                try {
                                    Connection conn = ds.getConnection();
                                    String sql = "select * from book order by storetime
desc";
                                    PreparedStatement pw = conn.prepareStatement(sql);
                                    ResultSet rs = pw.executeQuery();
                                    List list = new ArrayList();
                                    while(rs.next()){
                                        Book b = new Book();
                                        b.setId(rs.getInt(1));
                                        b.setTypeid(rs.getInt(2));
                                        b.setName(rs.getString(3));
                                        b.setPrice(rs.getString(4));
                                        b.setSaleprice(rs.getString(5));
                                        b.setBookinfo(rs.getString(6));
                                        b.setAuthor(rs.getString(7));
                                        b.setSystem(rs.getString(8));
                                        b.setNum(rs.getInt(9));
                                        b.setStoretime(rs.getString("storetime"));
                                        b.setPublih(rs.getString("publish"));
                                        list.add(b);
                                    }
                                    rs.close();
                                    pw.close();
                                    conn.close();
                                    request.setAttribute("new", list);
        request.getRequestDispatcher("" + ((list.size() + 9)/10) + "&totalcount
= " + list.size()).forward(request, response);
                                } catch (SQLException e) {
                                    e.printStackTrace();
                                }
                            } catch (NamingException e) {
                                e.printStackTrace();
                            }
                }
                    else if(set.equals("new")){
                        Context ctx;
                            try {
```

```java
ctx = new InitialContext();
DataSource ds = (DataSource)ctx.lookup("");
try {
    int cp = Integer.parseInt(currentpage);
    Connection conn = ds.getConnection();
    PreparedStatement pw = null;
    ResultSet rs = null;
    pw = conn.prepareStatement("");
    rs = pw.executeQuery();
    List list = new ArrayList();
    int tc = 0;
    if(rs.next()) tc = rs.getInt(1);
    int tp = (tc + 9)/10;
    if(cp <= 0) cp = 1;
    else if(cp > tc) cp = tc;
    if(tc!= 0){
    String sql = " " + ((cp - 1) * 10) + "";
    pw = conn.prepareStatement(sql);
    rs = pw.executeQuery();
    while(rs.next()){
        Book b = new Book();
        b.setId(rs.getInt(1));
        b.setTypeid(rs.getInt(2));
        b.setName(rs.getString(3));
        b.setPrice(rs.getString(4));
        b.setSaleprice(rs.getString(5));
        b.setBookinfo(rs.getString(6));
        b.setAuthor(rs.getString(7));
        b.setSystem(rs.getString(8));
        b.setNum(rs.getInt(9));
        b.setStoretime(rs.getString("storetime"));
        b.setPublish(rs.getString("publish"));
        if(b.getBookinfo().length()> 90) b.setBookinfo(b.getBookinfo().substring(0, 88) + "...");
        list.add(b);
    }
    }
    rs.close();
    pw.close();
    conn.close();
    request.setAttribute("new", list);
    request.getRequestDispatcher("" + currentpage + " = " + tp + " = " + tc).forward(request, response);
```

```
                    } catch (SQLException e) {
                        e.printStackTrace();
                    }
                } catch (NamingException e) {
                    e.printStackTrace();
                }
            }
            else if(set.equals("low3")){
                Context ctx;
                try {
                    ctx = new InitialContext();
                    DataSource ds = (DataSource)ctx.lookup("java:/comp/env/jdbc/WebShop");
                    try {
                        Connection conn = ds.getConnection();
                        String sql = "select top 3 * from book where saleprice < price and num > 0 order by num desc";
                        PreparedStatement pw = conn.prepareStatement(sql);
                        ResultSet rs = pw.executeQuery();
                        List list = new ArrayList();
                        if(rs.next()){
                            Book b = new Book();
                            b.setId(rs.getInt(1));
                            b.setTypeid(rs.getInt(2));
                            b.setName(rs.getString(3));
                            b.setPrice(rs.getString(4));
                            b.setSaleprice(rs.getString(5));
                            b.setBookinfo(rs.getString(6));
                            b.setAuthor(rs.getString(7));
                            b.setSystem(rs.getString(8));
                            b.setNum(rs.getInt(9));
                            b.setStoretime(rs.getString("storetime"));
                            b.setPublish(rs.getString("publish"));
                            list.add(b);
                        }
                        rs.close();
                        pw.close();
                        conn.close();
                        request.setAttribute("low3", list);
                        request.getRequestDispatcher("").forward(request, response);
                    } catch (SQLException e) {
                        e.printStackTrace();
```

```
                }
            } catch (NamingException e) {
                e.printStackTrace();
            }
        }
        else if(set.equals("low")){
            Context ctx;
            try {
                ctx = new InitialContext();
                DataSource ds = (DataSource)ctx.lookup("java:/comp/env/jdbc/WebShop");
                try {
                    int cp = Integer.parseInt(currentpage);
                    Connection conn = ds.getConnection();
                    PreparedStatement pw = null;
                    ResultSet rs = null;
                    pw = conn.prepareStatement("select count( * ) from book where saleprice < price and num > 0");
                    rs = pw.executeQuery();
                    List list = new ArrayList();
                    int tc = 0;
                    if(rs.next()) tc = rs.getInt(1);
                    int tp = (tc + 9)/10;
                    if(cp <= 0) cp = 1;
                    else if(cp > tc) cp = tc;
                    if(tc!= 0){
                    String sql = ""((cp - 1) * 10)> 0";
                    pw = conn.prepareStatement(sql);
                    rs = pw.executeQuery();
                    while(rs.next()){
                        Book b = new Book();
                        b.setId(rs.getInt(1));
                        b.setTypeid(rs.getInt(2));
                        b.setName(rs.getString(3));
                        b.setPrice(rs.getString(4));
                        b.setSaleprice(rs.getString(5));
                        b.setBookinfo(rs.getString(6));
                        b.setAuthor(rs.getString(7));
                        b.setSystem(rs.getString(8));
                        b.setNum(rs.getInt(9));
                        b.setStoretime(rs.getString("storetime"));
                        b.setPublish(rs.getString("publish"));
                        if(b.getBookinfo().length()> 90) b.setBookinfo
```

```
                    (b.getBookinfo().substring(0, 88) + "...");
                            list.add(b);
                        }
                    }
                    rs.close();
                    pw.close();
                    conn.close();
                    request.setAttribute("low", list);
        request.getRequestDispatcher(" merchandise. jsp? currentpage = " +
currentpage + "&totalpage = " + tp + "&totalcount = " + tc).forward(request,
response);
                } catch (SQLException e) {
                    e.printStackTrace();
                }
            } catch (NamingException e) {
                e.printStackTrace();
            }
        }
        else if(set.equals("hot3")){
            Context ctx;
            try {
                ctx = new InitialContext();
                DataSource ds = (DataSource)ctx.lookup("java:/comp/
env/jdbc/WebShop");
                try {
                    Connection conn = ds.getConnection();
                    String sql = "select top 10 * from book where buynum
<> 0 and num > 0 order by buynum desc";
                    PreparedStatement pw = conn.prepareStatement(sql);
                    ResultSet rs = pw.executeQuery();
                    List list = new ArrayList();
                    while(rs.next()){
                        Book b = new Book();
                        b.setId(rs.getInt(1));
                        b.setTypeid(rs.getInt(2));
                        b.setName(rs.getString(3));
                        b.setPrice(rs.getString(4));
                        b.setSaleprice(rs.getString(5));
                        b.setBookinfo(rs.getString(6));
                        b.setAuthor(rs.getString(7));
                        b.setSystem(rs.getString(8));
                        b.setNum(rs.getInt(9));
                        b.setStoretime(rs.getString("storetime"));
```

```
                        b.setPublish(rs.getString("publish"));
                        list.add(b);
                    }
                    rs.close();
                    pw.close();
                    conn.close();
                    request.setAttribute("hot10", list);
                    request.getRequestDispatcher("UserShowBook.jsp").
forward(request, response);
                } catch (SQLException e) {
                    e.printStackTrace();
                }
            } catch (NamingException e) {
                e.printStackTrace();
            }
        }
        else if(set.equals("hot")){
            Context ctx;
            try {
                ctx = new InitialContext();
                DataSource ds = (DataSource)ctx.lookup("java:/comp/
env/jdbc/WebShop");
                try {
                    int cp = Integer.parseInt(currentpage);
                    Connection conn = ds.getConnection();
                    PreparedStatement pw = null;
                    ResultSet rs = null;
                    pw = conn.prepareStatement("select count( * ) from
book where buynum > 0 and num > 0");
                    rs = pw.executeQuery();
                    List list = new ArrayList();
                    int tc = 0;
                    if(rs.next()) tc = rs.getInt(1);
                    int tp = (tc + 9)/10;
                    if(cp <= 0) cp = 1;
                    else if(cp > tc) cp = tc;
                    if(tc!= 0){
                        String sql = "select top 10 * from book where id not
in ( select top " + ((cp - 1) * 10) + " id from book where buynum > 0 and num > 0
order by buynum desc ) and buynum > 0 and num > 0 order by buynum desc ";
                    pw = conn.prepareStatement(sql);
                    rs = pw.executeQuery();
                    while(rs.next()){
```

```
                              Book b = new Book();
                              b.setId(rs.getInt(1));
                              b.setTypeid(rs.getInt(2));
                              b.setName(rs.getString(3));
                              b.setPrice(rs.getString(4));
                              b.setSaleprice(rs.getString(5));
                              b.setBookinfo(rs.getString(6));
                              b.setAuthor(rs.getString(7));
                              b.setSystem(rs.getString(8));
                              b.setNum(rs.getInt(9));
                              b.setStoretime(rs.getString("storetime"));
                              b.setPublish(rs.getString("publish"));
                              if(b.getBookinfo().length()>90) b.setBookinfo
(b.getBookinfo().substring(0, 88) + "...");
                              list.add(b);
                          }
                      }
                      rs.close();
                      pw.close();
                      conn.close();
                      request.setAttribute("hot", list);
       request.getRequestDispatcher("hotbook.jsp?currentpage = " + currentpage
+ "&totalpage = " + tp + "&totalcount = " + tc).forward(request, response);
                  } catch (SQLException e) {
                      e.printStackTrace();
                  }
              } catch (NamingException e) {
                  e.printStackTrace();
              }
          }
          else if(set.equals("search")){
                  String key = request.getParameter("key");
                  String type = request.getParameter("type");
                  List list = new ArrayList();
                  String sql = "";
                  key = new String(key.getBytes("ISO - 8859 - 1"),
"gb2312");
                  Context ctx;
                  try {
                      ctx = new InitialContext();
                      DataSource ds = (DataSource)ctx.lookup("java:/comp/
env/jdbc/WebShop");
                      try {
```

```java
int cp = Integer.parseInt(currentpage);
Connection conn = ds.getConnection();
PreparedStatement pw = null;
ResultSet rs = null;
if(type.equals("author")) sql = "select count(*) from book where num > 0 and author like '%" + key + "%'";
else if(type.equals("bookname")) sql = "select count(*) from book where num > 0 and name like '%" + key + "%'";
else if(type.equals("publish")) sql = "select count(*) from book where num > 0 and publish like '%" + key + "%'";
pw = conn.prepareStatement(sql);
rs = pw.executeQuery();
int tc = 0;
if(rs.next()) tc = rs.getInt(1);
int tp = (tc + 9)/10;
if(cp <= 0) cp = 1;
else if(cp > tc) cp = tc;
if(tc != 0){
    if(type.equals("author"))
        sql = "select top 10 * from book where id not in (select top " + ((cp - 1) * 10) + " id from book where num > 0 and author like '%" + key + "%') and num > 0 and author like '%" + key + "%'";
    else if(type.equals("bookname"))
        sql = "select top 10 * from book where id not in (select top " + ((cp - 1) * 10) + " id from book where num > 0 and name like '%" + key + "%') and num > 0 and name like '%" + key + "%'";
    else if(type.equals("publish"))
        sql = "select top 10 * from book where id not in (select top " + ((cp - 1) * 10) + " id from book where num > 0 and publish like '%" + key + "%') and num > 0 and publish like '%" + key + "%'";
    pw = conn.prepareStatement(sql);
    rs = pw.executeQuery();
    while(rs.next()){
        Book b = new Book();
        b.setId(rs.getInt(1));
        b.setTypeid(rs.getInt(2));
        b.setName(rs.getString(3));
        b.setPrice(rs.getString(4));
        b.setSaleprice(rs.getString(5));
        b.setBookinfo(rs.getString(6));
        b.setAuthor(rs.getString(7));
        b.setSystem(rs.getString(8));
        b.setNum(rs.getInt(9));
```

```
                                b.setStoretime(rs.getString("storetime"));
                                b.setPublish(rs.getString("publish"));
                                if(b.getBookinfo().length()>90)
      b.setBookinfo(b.getBookinfo().substring(0, 88) + "...");
                                list.add(b);
                            }
                        }
                        rs.close();
                        pw.close();
                        conn.close();
                        request.setAttribute("searchresult", list);
                        request.getRequestDispatcher("searchbook.jsp?
currentpage = " + currentpage + "&totalpage = " + tp + "&totalcount = " + tc + "
&key = " + key + "&type = " + type).forward(request, response);
                    } catch (SQLException e) {
                        e.printStackTrace();
                    }
                }
                catch (NamingException e) {
                    e.printStackTrace();
                }
            }
        }
        protected void doGet(HttpServletRequest arg0, HttpServletResponse
arg1) throws ServletException, IOException {
            doPost(arg0, arg1);
        }
    }
    package com.fuse;
    import java.io.IOException;
    import java.sql.Connection;
    import java.sql.PreparedStatement;
    import java.sql.ResultSet;
    import java.sql.SQLException;
    import java.sql.Statement;
    import java.util.ArrayList;
    import java.util.Collection;
    import java.util.HashMap;
    import java.util.Iterator;
    import java.util.List;
    import javax.naming.Context;
    import javax.naming.InitialContext;
    import javax.naming.NamingException;
```

```java
import javax.servlet.ServletException;
import javax.servlet.http.HttpServlet;
import javax.servlet.http.HttpServletRequest;
import javax.servlet.http.HttpServletResponse;
import javax.sql.DataSource;
public EditBookBuy extends HttpServlet{
    protected void doGet (HttpServletRequest arg0, HttpServletResponse arg1) throws ServletException, IOException {
        doPost(arg0, arg1);
    }
    protected void doPost(HttpServletRequest request, HttpServletResponse response) throws ServletException, IOException {
        String set = request.getParameter("set");
        if(set.equals("add")){
            Context ctx;
            try {
                ctx = new InitialContext();
                DataSource ds = (DataSource)ctx.lookup("java:/comp/env/jdbc/WebShop");
                try {
                    Connection conn = ds.getConnection();
                    String sql = "insert into orders values (?,?,?,?,?,?,?,?,?)";
                    PreparedStatement pw = conn.prepareStatement(sql);
                    String username = (((String)request.getSession().getAttribute("login")).split("#"))[2].replaceFirst("", "#");
                    pw.setString(1, request.getParameter("receive_user"));
                    pw.setString(2, request.getParameter("creat_user"));
                    pw.setString(3, request.getParameter("create_time"));
                    pw.setString(4, request.getParameter("delivery"));
                    pw.setString(5, request.getParameter("payment"));
                    pw.setString(6, request.getParameter("tel"));
                    pw.setString(7, request.getParameter("address"));
                    pw.setString(8, "");
                    pw.setString(9, username);
                    pw.execute();
                    sql = "select max(id) from orders ";
                    pw = conn.prepareStatement(sql);
                    ResultSet rs = pw.executeQuery();
                    int orderid = 0;
```

```
                                if(rs.next()){
                                    orderid = rs.getInt(1);
                                }
                                rs.close();
                                pw.close();
                                Statement st = conn.createStatement();
                                HashMap a = (HashMap)request.getSession().
getAttribute("");
                                Collection c = a.values();
                                String sql2 = "";
                                String sql3 = "";
                                for(Iterator iter = c.iterator();iter.hasNext();){
                                    String str[] = iter.next().toString().
split("#");
                                    sql = "insert into orderdetail values (" +
orderid + "," + Integer.parseInt(str[0]) + "," + Integer.parseInt(str[1])
+ "," + Integer.parseInt(str[2]) + ")";
                                    sql2 = " book set num = (num - " + Integer.
parseInt(str[1]) + ") where id = " + Integer.parseInt(str[0]);
                                    sql3 = " book set buynum = (buynum + " + Integer.
parseInt(str[1]) + ") where id = " + Integer.parseInt(str[0]);
                                    st.addBatch(sql);
                                    st.addBatch(sql2);
                                    st.addBatch(sql3);
                                }
                                st.executeBatch();
                                st.close();
                                conn.close();
                                request.getSession().removeAttribute("mybookcar");
                                request.getRequestDispatcher("submitOrder.jsp").
forward(request, response);
                    } catch (SQLException e) {
                        e.printStackTrace();
                    }
                } catch (NamingException e) {
                    e.printStackTrace();
                }
            }
            else if(set.equals("del")){
            Context ctx;
              try {
                    ctx = new InitialContext();
                    DataSource ds = (DataSource)ctx.lookup("java:/comp/env/
```

```java
                jdbc/WebShop");
                try {
                        Connection conn = ds.getConnection();
                        String sql = "delete from orders where id = ?";
                        PreparedStatement pw = conn.prepareStatement(sql);
                        pw.setInt(1, Integer.parseInt(request.getParameter("id")));
                        pw.execute();
                        sql = "delete from orderdetail where orderid = ? ";
                        pw = conn.prepareStatement(sql);
                        pw.setInt(1, Integer.parseInt(request.getParameter("id")));
                        pw.execute();
                        pw.close();
                        conn.close();
                        String currentpage = request.getParameter("currentpage");
                        int totalcount = Integer.parseInt(request.getParameter("totalcount")) - 1;
                        int totalpage = (totalcount + 5)/6;
        response.sendRedirect("ShowBookBuy.jsp?currentpage = " + currentpage + "&totalcount = " + totalcount + "&totalpage = " + totalpage);
                } catch (SQLException e) {
                        e.printStackTrace();
                }
            } catch (NamingException e) {
                e.printStackTrace();
            }
        }
        else if(set.equals("find")){
        Context ctx;
            try {
                ctx = new InitialContext();
                DataSource ds = (DataSource)ctx.lookup("java:/comp/env/jdbc/WebShop");
                try {
                        Connection conn = ds.getConnection();
                        String sql = "select * from orders where id = ?";
                        PreparedStatement pw = conn.prepareStatement(sql);
                        pw.setInt(1, Integer.parseInt(request.getParameter("id")));
                        ResultSet rs = pw.executeQuery();
                        ArrayList a = new ArrayList();
                        ArrayList b = new ArrayList();
```

```
                    if(rs.next()){
                        a.add(rs.getInt(1) + "");
                        a.add(rs.getString(2));
                        a.add(rs.getString(3));
                        a.add(rs.getString(4));
                        a.add(rs.getString(5));
                        a.add(rs.getString(6));
                        a.add(rs.getString(7));
                        a.add(rs.getString(8));
                        a.add(rs.getString(9));
                        a.add(rs.getString(10));
                    }
                    sql = "select orderdetail.*,book.name,book.price from orderdetail,book where orderid = ? and book.id = orderdetail.bookid ";
                    pw = conn.prepareStatement(sql);
                    pw.setInt(1, Integer.parseInt(request.getParameter("id")));
                    rs = pw.executeQuery();
                    while(rs.next()){
                        String str = rs.getInt(1) + "#" + rs.getInt(2) + "#" + rs.getInt(3) + "#" + rs.getInt(4) + "#" + rs.getString("name") + "#" + rs.getShort("price");
                        b.add(str);
                    }
                    rs.close();
                    pw.close();
                    conn.close();
        if(request.getSession().getAttribute("login").toString().split("#").length == 3){
                        if(a.get(8).toString().equals("")){
                            request.setAttribute("orderstatus", "user1");
                        }
                        else if(a.get(8).toString().equals("")){
                            request.setAttribute("orderstatus", "user2");
                        }
                        else if(a.get(8).toString().equals("")){
                            request.setAttribute("orderstatus", "user3");
                        }
                        else if(a.get(8).toString().equals("")){
                            request.setAttribute("orderstatus", "user4");
                        }
                        else if(a.get(8).toString().equals("")){
                            request.setAttribute("orderstatus", "user5");
```

```
                    }
                }
                else{
                    if(a.get(8).toString().equals("")){
                        request.setAttribute("orderstatus", "admin1");
                    }
                    else if(a.get(8).toString().equals("")){
                        request.setAttribute("orderstatus", "admin2");
                    }
                    else if(a.get(8).toString().equals("")){
                        request.setAttribute("orderstatus", "admin3");
                    }
                    else if(a.get(8).toString().equals("")){
                        request.setAttribute("orderstatus", "admin4");
                    }
                    else if(a.get(8).toString().equals("")){
                        request.setAttribute("orderstatus", "admin5");
                    }
                }
                request.setAttribute("orders", a);
                request.setAttribute("orderdetail", b);
    if(request.getSession().getAttribute("login").toString().split("#").length==3){
                            request.getRequestDispatcher("OrderInfo.jsp").forward(request, response);
                }
                else{
                            request.getRequestDispatcher("adminOrderInfo.jsp").forward(request, response);
                }
            } catch (SQLException e) {
                e.printStackTrace();
            }
        } catch (NamingException e) {
            e.printStackTrace();
        }
    }
    else if(set.equals("setbuytype")){
        String setbuytype[] = request.getParameterValues("setbuytype");
        if(setbuytype==null||setbuytype.length==0){
    response.sendRedirect("EditBookBuy?id="+(Integer.parseInt(request.getParameter("id")))+"&set=find");
        }
```

```
                    else{
                        Context ctx;
                        try {
                            ctx = new InitialContext();
                            DataSource ds = (DataSource)ctx.lookup("java:/comp/
env/jdbc/Web");
                            try {
                                Connection conn = ds.getConnection();
                                String status = "";
                                if(setbuytype.length == 2) status = "";
                                else {
                                if(setbuytype[0].equals("2")) status = "";
                                else if(setbuytype[0].equals("3")) status = "";
                                else if(setbuytype[0].equals("4")) status = "";
                                else if(setbuytype[0].equals("5")) status = "";
                                }
                                String sql = " orders set status = ? where id = ?";
                                PreparedStatement pw = conn.prepareStatement(sql);
                                pw.setString(1,status);
                                pw.setInt(2, Integer.parseInt(request.
getParameter("id")));
                                pw.execute();
                                pw.close();
                                conn.close();
                                response.sendRedirect("EditBookBuy?id =
" + (Integer.parseInt(request.getParameter("id"))) + "&set = find");
                            } catch (SQLException e) {
                                e.printStackTrace();
                            }
                        } catch (NamingException e) {
                            e.printStackTrace();
                        }
                    }
                }
            else if(set.equals("userorder")){
                if((request.getSession().getAttribute("login"))!= null){
                    String username = (((String)request.getSession().getAttribute
("login")).split("#"))[2].replaceFirst("");
                    String sql = "select * from orders where username = '" + username
+ "'";
                        Context ctx;
                        try {
                            ctx = new InitialContext();
```

```java
                        DataSource ds = (DataSource)ctx.lookup("java:/comp/env/jdbc/WebShop");
                        try {
                            Connection conn = ds.getConnection();
                            PreparedStatement pw = conn.prepareStatement(sql);
                            ResultSet rs = pw.executeQuery();
                            List a = new ArrayList();
                            while(rs.next()){
                                Order order = new Order();
                                order.setAddress(rs.getString("address"));
                                order.setCreat_user(rs.getString("creat_user"));
                                order.setCreate_time(rs.getString("create_time"));
                                order.setDelivery(rs.getString("delivery"));
                                order.setId(rs.getInt("id"));
                                order.setPayment(rs.getString("payment"));
                                order.setReceive_user(rs.getString("receive_user"));
                                order.setStatus(rs.getString("status"));
                                order.setTel(rs.getString("tel"));
                                order.setUsername(rs.getString("username"));
                                a.add(order);
                            }
                            rs.close();
                            pw.close();
                            conn.close();
                            request.setAttribute("userorder", a);
                            request.getRequestDispatcher("Order.jsp").forward(request, response);
                        } catch (SQLException e) {
                            e.printStackTrace();
                        }
                    } catch (NamingException e) {
                        e.printStackTrace();
                    }
                }
                else{
                    response.sendRedirect("sorry.jsp");
                }
            }
            else if(set.equals("searchOrder")){
                String status = new String(request.getParameter("status").
```

```
            getBytes("ISO - 8859 - 1"),"GB2312");
                    int cp = Integer.parseInt(request.getParameter("currentpage"));
                    String sql = "";
                    List a = new ArrayList();
                    int tc = 0, tp = 0;
                    Context ctx;
                        try {
                            ctx = new InitialContext();
                            DataSource ds = (DataSource)ctx.lookup("java:/comp/
env/jdbc/WebShop");
                            try {
                                if(status.equals("all")){
                                    sql = "select count( * ) from orders";
                                }
                                else if(status.equals("")){
                                    sql = "select count( * ) from orders where
status = ''";
                                }
                                    else if(status.equals("")){
                                    sql = "select count( * ) from orders where
status in ('', '', '', '')";
                                }
                                    else if(status.equals("")){
                                    sql = "select count( * ) from orders where
status in ('','','')";
                                }
                                    else if(status.equals("")){
                                    sql = "select count( * ) from orders where
status in ('', '')";
                                }
                                    else if(status.equals("")){
                                    sql = "select count( * ) from orders where
status = ''";
                                }
                                Connection conn = ds.getConnection();
                                PreparedStatement pw = conn.prepareStatement(sql);
                                ResultSet rs = pw.executeQuery();
                                rs.next();
                                tc = rs.getInt(1);
                                tp = (tc + 5)/6;
                                if(cp < = 0) cp = 1;
                                else if(cp > tc) cp = tc;
                                if(tc!= 0){
```

```java
                if(status.equals("all")){
                    sql = "select * from orders where id not in 
(select top " + ((cp - 1) * 6) + " id from orders order by id asc) order by id 
asc";
                }
                else if(status.equals("")){
                    sql = "select * from orders where id not in 
(select top " + ((cp - 1) * 6) + " id from orders where status = '' order by id 
asc) and status = '' order by id asc";
                }
                else if(status.equals("")){
                    sql = "select * from orders where id not in 
(select top " + ((cp - 1) * 6) + " id from orders where status = '' order by id asc) 
and status = '' order by id asc";
                }
                pw = conn.prepareStatement(sql);
                rs = pw.executeQuery();
                while(rs.next()){
                    Order order = new Order();
                    order.setAddress(rs.getString("address"));
                    order.setCreat_user(rs.getString("creat_user"));
                    order.setCreate_time(rs.getString("create_time"));
                    order.setDelivery(rs.getString("delivery"));
                    order.setId(rs.getInt("id"));
                    order.setPayment(rs.getString("payment"));
                    order.setReceive_user(rs.getString("receive_user"));
                    order.setStatus(rs.getString("status"));
                    order.setTel(rs.getString("tel"));
                    order.setUsername(rs.getString("username"));
                    a.add(order);
                }
            }
            rs.close();
            pw.close();
            conn.close();
            request.setAttribute("searchOrder", a);
    request.getRequestDispatcher("ShowBookBuy.jsp?totalcount = " + tc + "
&totalpage = " + tp + "&currentpage = " + cp + "&status = " + status).forward
(request, response);
        } catch (SQLException e) {
```

```java
                        e.printStackTrace();
                    }
                } catch (NamingException e) {
                    e.printStackTrace();
                }
            }
        }
        public static int getOrderId(){
            int orderid = 0;
            try {
                Context ctx = new InitialContext();
                DataSource ds = (DataSource)ctx.lookup("java:/comp/env/jdbc/WebShop");
                try {
                    Connection conn = ds.getConnection();
                    String sql = "select max(id) from orders";
                    PreparedStatement pw = conn.prepareStatement(sql);
                    ResultSet rs = pw.executeQuery();
                    if(rs.next()) orderid = rs.getInt(1);
                    rs.close();
                    pw.close();
                    conn.close();
                } catch (SQLException e) {
                    e.printStackTrace();
                }
            } catch (NamingException e) {
                e.printStackTrace();
            };
            return orderid;
        }
        public static String getName(String username){
            String name = "";
            try {
                Context ctx = new InitialContext();
                DataSource ds = (DataSource)ctx.lookup("java:/comp/env/jdbc/WebShop");
                try {
                    Connection conn = ds.getConnection();
                    String sql = "select name from storeuser where username = ?";
                    PreparedStatement pw = conn.prepareStatement(sql);
                    pw.setString(1, username);
                    ResultSet rs = pw.executeQuery();
                    if(rs.next()) name = rs.getString("name");
```

```
                rs.close();
                pw.close();
                conn.close();
            } catch (SQLException e) {
                e.printStackTrace();
            }
        } catch (NamingException e) {
            e.printStackTrace();
        };
        return name;
    }
}
package com.fuse;
import java.io.IOException;
import java.sql.Connection;
import java.sql.PreparedStatement;
import java.sql.ResultSet;
import java.sql.SQLException;
import java.util.HashMap;
import javax.naming.Context;
import javax.naming.InitialContext;
import javax.naming.NamingException;
import javax.servlet.ServletException;
import javax.servlet.http.HttpServlet;
import javax.servlet.http.HttpServletRequest;
import javax.servlet.http.HttpServletResponse;
import javax.sql.DataSource;
public EditBookCar extends HttpServlet{
        protected void doGet(HttpServletRequest arg0, HttpServletResponse arg1) throws ServletException, IOException {
            doPost(arg0, arg1);
        }
        protected void doPost(HttpServletRequest request, HttpServletResponse response) throws ServletException, IOException {
            String set = request.getParameter("set");
            int bookid = 0;
            HashMap a = null;
            if(request.getParameter("id")!= null){
                bookid = Integer.parseInt(request.getParameter("id"));
                a = (HashMap)request.getSession().getAttribute("mybookcar");
            }
            if(a == null) a = new HashMap();
            if(set.equals("add")){
```

```
                    String s = (String)request.getSession().getAttribute
("login");
                    if(s!= null) {
                        String login[] = s.split("#");
                        if(login[0].equals("user")&&login[1].equals("yes")){
                            String name = new String(request.getParameter("name").
getBytes("ISO-8859-1"),"GB2312");
                            if(a == null) a = new HashMap();
                            if((String)a.get(bookid + "") == null){
                                a.put(bookid + "", bookid + "#" + "1" + "#" +
request.getParameter("saleprice") + "#" + name);
                            }
                            else {
                                String str[] = ((String)a.get(bookid + "")).
split("#");
                                a.put(bookid + "", bookid + "#" + (Integer.
parseInt(str[1]) + 1) + "#" + request.getParameter("saleprice") + "#" +
name);
                            }
                            request.getSession().setAttribute("mybookcar", a);
                            response.sendRedirect("cart.jsp?id=" + bookid);
                        }
                        else {
                            response.sendRedirect("sorry.jsp");
                        }
                    }
                    else {
                        response.sendRedirect("sorry.jsp");
                    }
                }
                else if(set.equals("del")){
                    a.remove(bookid + "");
                    response.sendRedirect("cart.jsp");
                }
                else if(set.equals("")){
                    Context ctx;
                    try {
                        ctx = new InitialContext();
                        DataSource ds = (DataSource)ctx.lookup("java:/
comp/env/jdbc/WebShop");
                        try {
                            Connection conn = ds.getConnection();
                            String sql = "select * from book where id=?";
```

```
                        PreparedStatement pw = conn.prepareStatement
(sql);
                        pw.setInt(1, bookid);
                        ResultSet rs = pw.executeQuery();
                        Book b = new Book();
                        if(rs.next()){
                            b.setId(bookid);
                            b.setNum(rs.getInt(9));
                            b.setName(rs.getString("name"));
                            b.setSaleprice(rs.getString("saleprice"));
                        }
                        rs.close();
                        pw.close();
                        conn.close();
            if(Integer.parseInt(request.getParameter("booknum"))<= b.getNum()){
                            a.put(bookid + "", b.getId() + " # " +
request.getParameter("booknum") + " # " + b.getSaleprice() + " # " + b.getName
());
                            request.getSession().setAttribute
("mybookcar", a);
                            response.sendRedirect("cart.jsp");
                        }
                        else{
                            response.sendRedirect("cart.jsp");
                        }
                    } catch (SQLException e) {
                        e.printStackTrace();
                    }
                } catch (NamingException e) {
                    e.printStackTrace();
                }
            }
            else if(set.equals("clear")){
                request.getSession().removeAttribute("mybookcar");
                response.sendRedirect("cart.jsp");
            }
            else if(set.equals("GotoOrder")){
                if(request.getSession().getAttribute("login") == null){
                    response.sendRedirect("sorry.jsp");
                }
                else{
                    if(request.getSession().getAttribute("mybookcar") ==
null){
```

```java
                            response.sendRedirect("cart.jsp");
                        }
                        else{
                            response.sendRedirect("checkOrder.jsp");
                        }
                    }
                }
            }
        }
        package com.fuse.duoyuan;
        import java.io.IOException;
        import java.io.PrintWriter;
        import java.sql.Connection;
        import java.sql.PreparedStatement;
        import java.sql.ResultSet;
        import java.sql.SQLException;
        import java.util.ArrayList;
        import java.util.HashMap;
        import java.util.Iterator;
        import java.util.List;
        import java.util.Set;
        import javax.naming.Context;
        import javax.naming.InitialContext;
        import javax.naming.NamingException;
        import javax.servlet.ServletException;
        import javax.servlet.http.HttpServlet;
        import javax.servlet.http.HttpServletRequest;
        import javax.servlet.http.HttpServletResponse;
        import javax.sql.DataSource;
        import book.Book;
        public EditBookType extends HttpServlet{
            protected void doPost(HttpServletRequest request, HttpServletResponse response) throws ServletException, IOException {
                String set = request.getParameter("set");
                String totalcount = request.getParameter("totalcount");
                String totalpage = request.getParameter("totalpage");
                String currentpage = request.getParameter("currentpage");
                String type = request.getParameter("type");
                String id1 = request.getParameter("id");
                int id = 0;
                if(id1!= null)
                id = Integer.parseInt(request.getParameter("id"));
                if(set.equals("del")){
```

```java
                Context ctx;
                try {
                    ctx = new InitialContext();
                    DataSource ds = (DataSource)ctx.lookup("java:/comp/env/jdbc/WebShop");
                    try {
                        Connection conn = ds.getConnection();
                        String sql = "delete from booktype where id = ?";
                        PreparedStatement pw = conn.prepareStatement(sql);
                        pw.setInt(1, id);
                        pw.execute();
                        sql = "delete from book where typeid = ?";
                        pw = conn.prepareStatement(sql);
                        pw.setInt(1, id);
                        pw.execute();
                        pw.close();
                        conn.close();
                        totalcount = (Integer.parseInt(totalcount) - 1) + "";
                        totalpage = (Integer.parseInt(totalpage) + 5/6) + "";
                        request.getSession().removeAttribute("type2");
        response.sendRedirect("ShowBookType.jsp?currentpage = " + currentpage
    + "&totalpage = " + totalpage + "&totalcount = " + totalcount);
                    } catch (SQLException e) {
                        e.printStackTrace();
                    }
                } catch (NamingException e) {
                    e.printStackTrace();
                }
            }
            else if(set.equals("")){
                Context ctx;
                try {
                    ctx = new InitialContext();
                    DataSource ds = (DataSource)ctx.lookup("java:/comp/env/jdbc/WebShop");
                    try {
                        Connection conn = ds.getConnection();
                        String sql = " booktype set typename = ? where id = ?";
                        String typename = new String(request.getParameter
("typename").getBytes("ISO - 8859 - 1"),"GB2312");
```

```
                              PrintWriter out = response.getWriter();
                              PreparedStatement pw = conn.prepareStatement(sql);
                              typename = typename + "#" + new String(request.
getParameter("topname").getBytes("ISO-8859-1"),"GB2312");
                              pw.setString(1,typename);
                    pw.setString(1,typename + "#" + request.getSession().getAttribute
("type2"));
                              pw.setInt(2, id);
                              pw.execute();
                              pw.close();
                              conn.close();
                    request.getRequestDispatcher("ShowBookType.jsp?currentpage=" +
currentpage + "&totalpage=" + totalpage + "&totalcount=" + totalcount).
forward(request, response);
                    response.sendRedirect("ShowBookType.jsp?currentpage=" + currentpage
+ "&totalpage=" + totalpage + "&totalcount=" + totalcount);
                         } catch (SQLException e) {
                              e.printStackTrace();
                         }
                    } catch (NamingException e) {
                         e.printStackTrace();
                    }
               }
               else if(set.equals("add")){
                    Context ctx;
                         try {
                              ctx = new InitialContext();
                              DataSource ds = (DataSource)ctx.lookup
("java:/comp/env/jdbc/WebShop");
                              try {
                                   Connection conn = ds.getConnection();
                                   String sql = "insert into booktype values (?)";
                                   PreparedStatement pw = conn.prepareStatement
(sql);
                                   if(request.getParameter("firstname") ==
null)
     pw.setString(1,request.getParameter("secondname") + "#" + request.
getParameter("secondname"));
                                   else
          pw.setString(1,request.getParameter("secondname") + "#" + request.
getParameter("firstname"));
                                   pw.execute();
                                   pw.close();
```

```java
                                conn.close();
                                response.sendRedirect("AddBook.jsp");
                        } catch (SQLException e) {
                                e.printStackTrace();
                        }
                } catch (NamingException e) {
                        e.printStackTrace();
                }
        }
        else if(set.equals("findAllBookType")){
                Context ctx;
                try {
                        ctx = new InitialContext();
                        DataSource ds = (DataSource)ctx.lookup("java:/comp/env/jdbc/WebShop");
                        try {
                                Connection conn = ds.getConnection();
                                String sql = "select * from booktype";
                                PreparedStatement pw = conn.prepareStatement(sql);
                                ResultSet rs = pw.executeQuery();
                                HashMap m = new HashMap();
                                while(rs.next()){
                                        String str[] = rs.getString("typename").split("#");
                                        if(m.get(str[1]) == null){
                                                List list = new ArrayList();
                                                list.add(str[0] + "#" + rs.getInt("id"));
                                                m.put(str[1], list);
                                        }
                                        else{
                                                List list = (List)m.get(str[1]);
                                                list.add(str[0] + "#" + rs.getInt("id"));
                                                m.put(str[1], list);
                                        }
                                }
                                rs.close();
                                pw.close();
                                conn.close();
                                request.setAttribute("allbooktype", m);
    request.getRequestDispatcher("showallbooktype.jsp").forward(request,
```

```
                            response);
                                        } catch (SQLException e) {
                                            e.printStackTrace();
                                        }
                                } catch (NamingException e) {
                                    e.printStackTrace();
                                }
        }
                else if(set.equals("findbooks")){
                        String typeid = request.getParameter("typeid");
                        List list = new ArrayList();
                        String sql = "";
                        Context ctx;
                        try {
                            ctx = new InitialContext();
                            DataSource ds = (DataSource)ctx.lookup("java:/comp/env/jdbc/WebShop");
                            try {
                                int cp = Integer.parseInt(currentpage);
                                Connection conn = ds.getConnection();
                                PreparedStatement pw = null;
                                ResultSet rs = null;
                                sql = "select count( * ) from book where num > 0 and typeid = " + typeid;
                                pw = conn.prepareStatement(sql);
                                rs = pw.executeQuery();
                                int tc = 0;
                                if(rs.next()) tc = rs.getInt(1);
                                int tp = (tc + 9)/10;
                                if(cp <= 0) cp = 1;
                                else if(cp > tc) cp = tc;
                                if(tc!= 0){
                                    sql = "select top 10 * from book where id not in ( select top " + ((cp - 1) * 10) + " id from book where num > 0 and typeid = " + typeid + " ) and num > 0 and typeid = " + typeid;
                                    pw = conn.prepareStatement(sql);
                                    rs = pw.executeQuery();
                                    while(rs.next()){
                                       Book b = new Book();
                                       b.setId(rs.getInt(1));
                                       b.setTypeid(rs.getInt(2));
                                       b.setName(rs.getString(3));
                                       b.setPrice(rs.getString(4));
```

```java
                        b.setSaleprice(rs.getString(5));
                        b.setBookinfo(rs.getString(6));
                        b.setAuthor(rs.getString(7));
                        b.setSystem(rs.getString(8));
                        b.setNum(rs.getInt(9));
                        b.setStoretime(rs.getString("storetime"));
                        b.setPublish(rs.getString("publish"));
                        if(b.getBookinfo().length()>90)
b.setBookinfo(b.getBookinfo().substring(0, 88) + "...");
                        list.add(b);
                    }
                }
                rs.close();
                pw.close();
                conn.close();
                request.setAttribute("searchresult", list);
        request.getRequestDispatcher ( " searchbooktype.jsp? currentpage = " +
currentpage + " &totalpage = " + tp + " &totalcount = " + tc + " &typeid = " +
typeid).forward(request, response);
                } catch (SQLException e) {
                    e.printStackTrace();
                }
            }
            catch (NamingException e) {
                e.printStackTrace();
            }
        }
    }
    protected void doGet ( HttpServletRequest arg0, HttpServletResponse
arg1) throws ServletException, IOException {
        doPost(arg0, arg1);
    }
    public static void main(String[] args) {
        System.out.println("".substring(0, 88));
    }
}
package user.different;
import java.io.IOException;
import java.sql.Connection;
import java.sql.PreparedStatement;
import java.sql.SQLException;
import javax.naming.Context;
import javax.naming.InitialContext;
```

```java
import javax.naming.NamingException;
import javax.servlet.ServletException;
import javax.servlet.http.HttpServlet;
import javax.servlet.http.HttpServletRequest;
import javax.servlet.http.HttpServletResponse;
import javax.sql.DataSource;
public DelUser extends HttpServlet{
    protected void doGet(HttpServletRequest arg0, HttpServletResponse arg1)
throws ServletException, IOException {
        TODO Auto-generated method stub
        doPost(arg0, arg1);
    }
    protected void doPost(HttpServletRequest request, HttpServletResponse response) throws ServletException, IOException {
        TODO Auto-generated method stub
        Context ctx;
        String currentpage = request.getParameter("currentpage");
        String totalcount = request.getParameter("totalcount");
        String totalpage = request.getParameter("totalpage");
        if(request.getParameter("") == null){
            String id = request.getParameter("id");
            try {
                ctx = new InitialContext();
                DataSource ds = (DataSource)ctx.lookup("java:/comp/env/jdbc/WebShop");
                try {
                    Connection conn = ds.getConnection();
                    String sql = "delete from storeuser where id = ?";
                    PreparedStatement pw = conn.prepareStatement(sql);
                    pw.setInt(1,Integer.parseInt(id));
                    pw.execute();
                    pw.close();
                    conn.close();
                    totalcount = (Integer.parseInt(totalcount) - 1) + "";
                    totalpage = ((Integer.parseInt(totalcount) + 5)/6) + "";
                    if(request.getParameter("admin") == null)
response.sendRedirect(" ShowAllUser.jsp?currentpage = " + currentpage + "&totalcount = " + totalcount + "&totalpage = " + totalpage);
                    else
response.sendRedirect(" ShowAllAdmin.jsp?currentpage = " + currentpage + "&totalcount = " + totalcount + "&totalpage = " + totalpage);
                } catch (SQLException e) {
                    TODO Auto-generated catch block
```

```java
                    e.printStackTrace();
                }
            } catch (NamingException e) {
                    TODO Auto-generated catch block
                    e.printStackTrace();
            }
        }
        else {
            String id = request.getParameter("id");
            String pwd = new String(request.getParameter("pwd").getBytes
("ISO-8859-1"),"GB2312");
            try {
                ctx = new InitialContext();
                DataSource ds = (DataSource)ctx.lookup("java:/comp/env/jdbc/WebShop");
                String sql = " storeuser set  = ? where id = ?";
                Connection conn;
                try {
                    conn = ds.getConnection();
                    PreparedStatement pw = conn.prepareStatement(sql);
                    pw.setString(1, pwd);
                    pw.setString(2, id);
                    pw.execute();
                    pw.close();
                    conn.close();
            response.sendRedirect("ShowAllAdmin.jsp?currentpage = " + currentpage
+ "&totalcount = " + totalcount + "&totalpage = " + totalpage);
                } catch (SQLException e) {
                    TODO Auto-generated catch block
                    e.printStackTrace();
                }
            } catch (NamingException e) {
                    TODO Auto-generated catch block
                    e.printStackTrace();
            }
        }
    }
}
package cn.hnist.multisource;
import java.awt.*;
abstract Bomb
{
    int x, y;
```

```java
        int step = 0;
        static final Toolkit TLK = Toolkit.getDefaultToolkit();
        public Bomb(int x, int y)
        {
            this.x = x;
            this.y = y;
        }
        abstract void draw(Graphics g);
}
TankBomb extends Bomb
{
        Tank tk;
        public static final System[] TBIMGS =
        {
        };
        static boolean init = false;
        public TankBomb(int x, int y, Tank tk)
        {
            super(x, y);
            this.tk = tk;
        }
        void draw(Graphics g)
        {
            if(!init)
            {
                for (int i = 0; i < TBIMGS.length; i++)
                {
                    g.drawSystem(TBIMGS[i], x, y, null);
                    init = true;
                }
            }
            if(step == TBIMGS.length)
            {
                tk.tankBomb = null;
                if(tk.isNPC)
                {
                    tk.tc.tanksList.remove(tk);
                    tk = null;
                }
                return;
            }
            g.drawSystem(TBIMGS[step], x, y, null);
            step++;
```

```java
        }
    }
    ShotBomb extends Bomb
    {
        Shot s;
        private static final System[] SBIMGS =
        {
        };
        static boolean init = false;
        public ShotBomb(int x, int y, Shot s)
        {
            super(x, y);
            this.s = s;
        }
        void draw(Graphics g)
        {
            if(!init)
            {
                for (int i = 0; i < SBIMGS.length; i++)
                {
                    g.drawSystem(SBIMGS[i], x, y, null);
                    init = true;
                }
            }
            if(step == SBIMGS.length)
            {
                s.tc.shotsList.remove(s);
                s.shotBomb = null;
                s = null;
                return;
            }
            g.drawSystem(SBIMGS[step], x, y, null);
            step++;
        }
    }
    SuperShotBomb extends ShotBomb
    {
        public static final System[] SUPERBOMBIMGS =
        {
        };
        static boolean init = false;
        public SuperShotBomb(int x, int y, Shot s)
        {
```

```
        super(x, y, s);
    }
    public Rectangle getRect()
    {
        return new Rectangle(x - 80, y - 80, 160, 160);
    }
    void draw(Graphics g)
    {
        if(!init)
        {
            for (int i = 0; i < SUPERBOMBIMGS.length; i++)
            {
                g.drawSystem(SUPERBOMBIMGS[i], x, y, null);
                init = true;
            }
        }
        if(step == SUPERBOMBIMGS.length)
        {
            s.tc.shotsList.remove(s);
            s.shotBomb = null;
            s = null;
            return;
        }
        g.drawSystem(SUPERBOMBIMGS[step], x - 128, y - 128, null);
        if(step == SUPERBOMBIMGS.length/2 + 1)
        {
            Tank tempTk = null;
            for(int i = 0; i < s.tc.tanksList.size(); i++)
            {
                tempTk = s.tc.tanksList.get(i);
                if(getRect().intersects(tempTk.getRect())&&tempTk.isLive&&tempTk.camp!= s.tk.camp)
                {
                    tempTk.tankHitPoint.cutsHitPoint(s.shotPower, this.s);
                }
            }
            Shot tcShots = null;
            for(int i = 0; i < s.tc.shotsList.size(); i++)
            {
                tcShots = s.tc.shotsList.get(i);
                if(getRect().contains(tcShots.getRect())&&tcShots.tk.camp!= s.tk.camp)
                {
```

```java
                    tcShots.isBomb = false;
                    tcShots.dead();
                }
            }
        }
        step++;
    }
}
package cn.hnist.multisource;
import java.awt.*;
abstract Shot
{
    int shotSpeed;
    int shotRadius;
    int shotPower;
    int ox, oy, sx, sy;
    int lengthX, lengthY;
    boolean isLive;
    boolean isBomb;
    TankClient tc = null;
    Tank tk = null;
    ShotBomb shotBomb = null;
    public static final Toolkit TLK = Toolkit.getDefaultToolkit();
    public Shot(int ox, int oy, int sx, int sy, Tank tk)
    {
        this.ox = ox;
        this.oy = oy;
        this.sx = sx;
        this.sy = sy;
        this.tc = tk.tc;
        this.tk = tk;
        this.isLive = true;
    }
    public Shot(Tank tk)
    {
        this.ox = tk.x;
        this.oy = tk.y;
        this.sx = tk.turretDirx;
        this.sy = tk.turretDiry;
        this.tc = tk.tc;
        this.tk = tk;
        this.isLive = true;
    }
```

```
abstract void draw(Graphics g);
abstract void move();
abstract void dead();
public boolean isOutOfWindow()
{
    if(sx > TankClient.WIN_WIDTH||sx < 0||sy > TankClient.WIN_HEIGHT||sy < 0)
    {
        this.isBomb = false;
        return true;
    }
    else { return false; }
}
public Rectangle getRect()
{
    return new Rectangle(sx - shotRadius, sy - shotRadius, shotRadius * 2, shotRadius * 2);
}
}
HydraShot extends Shot
{
    static final System HYDRASHOT =
        TLK.getSystem(Shot..getLoader().getResource("System/Shot/Hydra.png"));

    public HydraShot(int ox, int oy, int sx, int sy, Tank tk)
    {
        super(ox, oy, sx, sy, tk);
        this.shotPower = 1;
        this.shotRadius = 6;
        this.shotSpeed = 13;
        this.lengthX = shotSpeed * (sx - ox)/(int)Math.hypot(sx - ox, sy - oy);
        this.lengthY = shotSpeed * (sy - oy)/(int)Math.hypot(sx - ox, sy - oy);
    }
    public void draw(Graphics g)
    {
        if(isLive)
        {
            g.drawSystem(HYDRASHOT, sx - shotRadius, sy - shotRadius, null);
        }
        else
        {
            if(isBomb&&shotBomb!= null) { shotBomb.draw(g); }
```

```java
        }
    }
    public boolean isHitWall()
    {
        Wall w = null;
        for(int i = 0;i<tc.wallList.size();i++)
        {
            w = tc.wallList.get(i);
            if(w.isHits(this))
            {
                this.isBomb = true;
                return true;
            }
        }
        return false;
    }
    public boolean isHitTank()
    {
        Tank tempTk = null;
        for(int i = 0;i<tc.tanksList.size();i++)
        {
            tempTk = tc.tanksList.get(i);
            if(tempTk.isLive&&getRect().intersects(tempTk.getRect())
&&tempTk.camp!= tk.camp)
            {
                tempTk.tankHitPoint.cutsHitPoint(shotPower,this);
                this.isBomb = true;
                return true;

            }
        }
        return false;
    }
    public void dead()
    {
        if(isLive)
        {
            this.isLive = false;
            if(isBomb)
            { shotBomb = new ShotBomb(sx - 32,sy - 32,this); }
            else
            {
                tc.shotsList.remove(this);
```

```
                    }
                }
            }
            public void move()
            {
                if(isLive)
                {
                    sx += lengthX;
                    sy += lengthY;
                    if(isOutOfWindow()||isHitWall()||isHitTank())
                    {
                        this.dead();
                    }
                }
            }
        }
        NormalShot extends Shot /
        {
            static final System[] NORSHOT =
            {
                TLK.getSystem(Shot..getLoader().getResource("")),
                TLK.getSystem(Shot..getLoader().getResource(""))
            };
            public NormalShot(Tank tk)
            {
                super(tk);
                this.shotPower = 1;
                this.shotRadius = 6;
                this.shotSpeed = 12;
                this.lengthX = shotSpeed * (sx - ox)/(int)Math.hypot(sx - ox, sy - oy);
                this.lengthY = shotSpeed * (sy - oy)/(int)Math.hypot(sx - ox, sy - oy);
            }
            public void draw(Graphics g)
            {
                if(isLive)
                {
                    if(tk.camp) { g.drawSystem(NORSHOT[0], sx - shotRadius, sy - shotRadius, null); }
                    else { g.drawSystem(NORSHOT[1], sx - shotRadius, sy - shotRadius, null); }
                }
                else
                {
```

```java
            if(isBomb&&shotBomb!= null) { shotBomb.draw(g); }
        }
    }
    public boolean isHitWall()
    {
        Wall w = null;
        for(int i = 0;i< tc.wallList.size();i++)
        {
            w = tc.wallList.get(i);
            if(w.isHits(this))
            {
                this.isBomb = true;
                return true;
            }
        }
        return false;
    }
    public boolean isHitTank()
    {
        Tank tempTk = null;
        for(int i = 0;i< tc.tanksList.size();i++)
        {
            tempTk = tc.tanksList.get(i);
            if(tempTk.isLive&&getRect().intersects(tempTk.getRect())
&&tempTk.camp!= tk.camp)
            {
                tempTk.tankHitPoint.cutsHitPoint(shotPower,this);
                this.isBomb = true;
                return true;
            }
        }
        return false;
    }
    public void dead()
    {
        if(isLive)
        {
            this.isLive = false;
            tk.shotsCount -- ;
            if(isBomb)
            { shotBomb = new ShotBomb(sx - 32,sy - 32,this); }
            else
            {
```

```
                    tc.shotsList.remove(this);
                }
            }
        }
        public void move()
        {
            if(isLive)
            {
                sx += lengthX;
                sy += lengthY;
                if(isOutOfWindow()||isHitWall()||isHitTank())
                {
                    this.dead();
                }
            }
        }
}
SpecialShot extends Shot
{
        int hitCount;
        static final System SPESHOT =
                TLK.getSystem(Shot..getLoader().getResource("System/Shot/SPE.
png"));
        public SpecialShot(Tank tk)
        {
            super(tk);
            this.hitCount = 2;
            this.shotPower = 2;
            this.shotRadius = 6;
            this.shotSpeed = 10;
            this.lengthX = shotSpeed * (sx - ox)/(int)Math.hypot(sx - ox,sy - oy);
            this.lengthY = shotSpeed * (sy - oy)/(int)Math.hypot(sx - ox,sy - oy);
        }
        public boolean isHitTank()
        {
            Tank tempTk = null;
            for(int i = 0;i < tc.tanksList.size();i++)
            {
                tempTk = tc.tanksList.get(i);
                if(getRect().intersects(tempTk.getRect())&tempTk.camp!= tk.camp)
                {
                    if(tempTk.isLive
```

```
                {
                    tempTk.tankHitPoint.cutsHitPoint(shotPower,this);
                    this.hitCount -- ;
                    if(0 == hitCount) { this.isBomb = true; return true; }
                }
            }
        }
        return false;
    }
    public void dead()
    {
        if(isLive)
        {
            this.isLive = false;
            if(isBomb)
            { shotBomb = new ShotBomb(sx - 32,sy - 32,this); }
            else
            {
                this.tc.shotsList.remove(this);
            }
        }
    }
    void move()
    {
        if(isLive)
        {
            sx += lengthX;
            sy += lengthY;
            if(isOutOfWindow()||isHitTank())
            {
                this.dead();
            }
        }
    }
    void draw(Graphics g)
    {
        if(isLive)
        {
            g.drawSystem(SPESHOT,sx - shotRadius,sy - shotRadius,null);
        }
        else
        {
            if(isBomb&&shotBomb!= null) { shotBomb.draw(g); }
```

```java
            }
        }
    }
    SuperShot extends Shot
    {
        int oldx,oldy;
        static final int MOVERANGE = 150;
        static final System SUPERSHOT = TLK.getSystem(Shot..getLoader().
getResource("System/Shot/SUPER.png"));
        public SuperShot(Tank tk)
        {
            super(tk);
            this.shotPower = 5;
            this.shotRadius = 4;
            this.shotSpeed = 8;
            this.oldx = sx;
            this.oldy = sy;
            this.lengthX = shotSpeed*(sx-ox)/(int)Math.hypot(sx-ox,sy-oy);
            this.lengthY = shotSpeed*(sy-oy)/(int)Math.hypot(sx-ox,sy-oy);
        }
        public void dead()
        {
            if(isLive)
            {
                this.isLive = false;
                if(isBomb) { shotBomb = new SuperShotBomb(sx,sy,this); }
                else { this.tc.shotsList.remove(this); }
            }
        }
        void move()
        {
            if(isLive)
            {
                sx += lengthX;
                sy += lengthY;

                if(isOutOfWindow()) { this.dead(); }
                if((int)Math.hypot(sx-oldx,sy-oldy)> MOVERANGE)
                {
                    this.isBomb = true;
                    this.dead();
                }
            }
```

```java
        }
        void draw(Graphics g)
        {
            if(isLive)
            {
                g.drawSystem(SUPERSHOT,sx - shotRadius,sy - shotRadius,null);
            }
            else
            {
                if(isBomb&&shotBomb!= null) { shotBomb.draw(g); }
            }
        }
}
package cn.hnist.multisource;
import java.awt.*;
import java.awt.event.*;
import java.util.*;
import java.util.List;
public TankClient extends Frame
{
    public static final int WIN_WIDTH = 800;
    public static final int WIN_HEIGHT = 600;
    boolean repaintFlag = true;
    System bkSystem = null;
    Point mousePoint = new Point(600,500);
    UserTank ut = new UserTank(600,520,Tank.TANK_DIR.L,true,this);
    List < Shot > shotsList = Collections.synchronizedList(new ArrayList < Shot >());
    List < Tank > tanksList = Collections.synchronizedList(new ArrayList < Tank >());
    List < Wall > wallList = Collections.synchronizedList(new ArrayList < Wall >());
    List < Item > itemList = Collections.synchronizedList(new ArrayList < Item >());
    public static void main(String[] args)
    {
        TankClient tc = new TankClient();
        tc.lunchFrame();
    }
    void lunchFrame()
    {
        tanksList.add(ut);
            this.wallList.add( new Wall( 200, 160, Wall. WALLTYPE. SEXSYMBOL,
```

```
                this));
                this.wallList.add(new Wall(200,200,2,25,this));
                this.wallList.add(new Wall(20,400,2,20,this));
                this.wallList.add(new Wall(450,400,2,20,this));
                RobotTank.add(4,false,RobotTank.RTANKTYPE.BOSS,this);
                RobotTank.add(3,true,RobotTank.RTANKTYPE.BOSS,this);
                this.itemList.add(new HitPointItem(700,500,3,this));
                this.itemList.add(new ShotsItem(700,520,1,this));
                this.itemList.add(new ShotsItem(700,550,0,this));
                this.setLocation(200,100);
                this.setSize(WIN_WIDTH,WIN_HEIGHT);
                this.setTitle("TankWar");
                this.setResizable(false);
                this.setBackground(Color.black);
                this.addWindowListener(new FrameClose());
                this.addKeyListener(new TankMoveLis());
                this.addMouseMotionListener(new MouseMoveLis());
                this.addMouseListener(new MouseCleckLis());
                new Thread(new RepaintThread()).start();
                new Thread(new RobotTanksThread(this)).start();
                this.setVisible(true);
            }
            FrameClose extends WindowAdapter
            {
                public void windowClosing(WindowEvent e)
                {
                    Frame f = (Frame)e.getWindow();
                    repaintFlag = false;
                    f.dispose();
                }
            }
            public void paint(Graphics g)
            {
                {
                    Wall tcWall = null;
                    for(int i = 0;i < wallList.size();i++)
                    {
                        tcWall = wallList.get(i);
                        tcWall.draw(g);
                    }
                    Tank tcTanks = null;
                    for(int i = tanksList.size() - 1;i >= 0;i--)
                    {
```

```
            tcTanks = tanksList.get(i);
            tcTanks.draw(g);
        }
        Item tcItems = null;
        for(int i = 0;i < itemList.size();i++)
        {
            tcItems = itemList.get(i);
            tcItems.draw(g);
        }
        Shot tcShots = null;
        for(int i = 0;i < shotsList.size();i++)
        {
            tcShots = shotsList.get(i);
            tcShots.draw(g);
        }
    }
}
public void (Graphics g)
{
    if(null == bkSystem) { bkSystem = this.createSystem(WIN_WIDTH, WIN_HEIGHT); }
    g.drawSystem(bkSystem,0,0,null);
    Graphics gBkImg = bkSystem.getGraphics();
    gBkImg.clearRect(0,0,WIN_WIDTH,WIN_HEIGHT);
    this.paint(gBkImg);
}
    RepaintThread implements Runnable
{
    public void run()
    {
        while(repaintFlag)
        {
            try
            {
                repaint();
                ut.move();
                Shot tcShots = null;
                for(int i = 0;i < shotsList.size();i++)
                {
                    tcShots = shotsList.get(i);
                    tcShots.move();
                }
                Thread.sleep(33);
```

```java
            } catch (InterruptedException e)
            {
                e.printStackTrace();
                System.exit(-1);
            }
        }
    }
}
    RobotTanksThread implements Runnable
    {
        TankClient tc;
        public RobotTanksThread(TankClient tc)
        {
            this.tc = tc;
        }
        public void run()
        {
            Tank tcTanks = null;
            int count = -1;
            while(repaintFlag)
            {
                if(0 == count)
                {
                    RobotTank.add(2,false,RobotTank.RTANKTYPE.SPE,tc);
                }
                try
                {
                    count = 0;
                    for(int i = 0;i < tanksList.size();i++)
                    {
                        tcTanks = tanksList.get(i);
                        if(!tcTanks.camp) { count++; }
                        if(!tcTanks.isNPC||!tcTanks.isLive) { continue; }
                        ((RobotTank)tcTanks).autoAction();
                    }
                    Thread.sleep(38);
                } catch (InterruptedException e)
                {
                    e.printStackTrace();
                    System.exit(-1);
                }
            }
        }
    }
```

```java
    }
    TankMoveLis extends KeyAdapter
    {
        public void keyPressed(KeyEvent e)
        {
            if(ut.isLive)
            {
                ut.keyDispose(e.getKeyCode(),true);
            }
        }
        public void keyReleased(KeyEvent e)
        {
            if(ut.isLive)
            {
                ut.keyDispose(e.getKeyCode(),false);
            }
            else
            {
                if(e.getKeyCode() == KeyEvent.VK_F2)
                {
                    ut.rebirth();
                }
            }
        }
    }
    MouseMoveLis extends MouseMotionAdapter
    {
        public void mouseMoved(MouseEvent e)
        {
            if(ut.isLive)
            {
                mousePoint = e.getPoint();
                ut.setTurretDir(mousePoint);
            }
        }
    }
    MouseCleckLis extends MouseAdapter
    {
        public void mouseClicked(MouseEvent e)
        {
            if(ut.isLive)
            {
                ut.fire(MouseEvent.BUTTON3 == e.getButton());
```

```
                    }
                }
            }
        }
package com.yigou.frame;
import javax.JDialog;
import javax.JOptionPane;
import javax.JPanel;
import javax.JLabel;
import java.awt.HeadlessException;
import java.awt.Rectangle;
import javax.JTextField;
import javax.JButton;
import java.awt.Font;
import java.awt.event.ActionEvent;
import java.awt.event.ActionListener;
import java.sql.ResultSet;
import java.sql.SQLException;
import javax.JComboBox;
import javax.SystemIcon;
import com.yigou.util.DBOperation;
import com.yigou.util.LogRecord;
public CAdd extends JDialog {
    private static final long serialVersionUID = 1L;
    private JPanel jContentPane = null;
    private JLabel jLabel_StuNo = null;
    private JLabel jLabel_ = null;
    private JButton jButton_ok = null;
    private JButton jButton_cancel = null;
    private JLabel jLabel_mark = null;
    private JTextField jTextField_mark = null;
    private JComboBox jComboBox_ = null;
    private JLabel jLabel3 = null;
    private JComboBox jComboBox_stuNo = null;
    public CAdd() {
        super();
        initialize();
    }
    private void initialize() {
        this.setDefaultCloseOperation(DISPOSE_ON_CLOSE);
        this.setSize(244, 234);
        this.setModal(true);
        this.setLocationRelativeTo(null);
```

```
this.setTitle("");
    jLabel3 = new JLabel();
    jLabel3.setBounds(new Rectangle(11, 171, 219, 26));
    jLabel3.setText("");
    jLabel_mark = new JLabel();
    jLabel_mark.setBounds(new Rectangle(18, 97, 103, 34));
    jLabel_mark.setText("");
    jTextField_mark = new JTextField();
    jTextField_mark.setBounds(new Rectangle(125, 98, 105, 27));
    jLabel_ = new JLabel();
    jLabel_.setBounds(new Rectangle(17, 51, 95, 29));
    jLabel_.setText("");
    jLabel_StuNo = new JLabel();
    jLabel_StuNo.setBounds(new Rectangle(17, 15, 96, 28));
    jLabel_StuNo.setText("");
    jButton_ok = new JButton();
    jButton_ok.setBounds(new Rectangle(18, 138, 77, 26));
    jButton_ok.setText("");
    jButton_cancel = new JButton();
    jButton_cancel.setBounds(new Rectangle(152, 138, 77, 26));
    jButton_cancel.setText("");
    jComboBox_ = new JComboBox();
        DBOperation dbo = new DBOperation();
        ResultSet rs = dbo.Query("Select .Cno from ");
        try {
            while (rs.next()) {
                jComboBox_.addItem(rs.getString("Cno"));
            }
        } catch (SQLException e) {
            e.printStackTrace();
        }
        dbo.CloseAll();
    jComboBox_.setBounds(new Rectangle(125, 54, 106, 29));
    jComboBox_stuNo = new JComboBox();
    DBOperation dbo1 = new DBOperation();
    ResultSet rs1 = dbo1.Query("Select .StuNo from ");
    try {
        while (rs1.next()) {
            jComboBox_stuNo.addItem(rs1.getString("StuNo"));
        }
    } catch (SQLException e) {
        e.printStackTrace();
    }
```

```java
                dbo1.CloseAll();
                jContentPane = new JPanel();
                jContentPane.setLayout(null);
                jContentPane.add(jLabel_StuNo, null);
                jContentPane.add(jLabel_, null);
                jContentPane.add(jButton_ok, null);
                jContentPane.add(jButton_cancel, null);
                jContentPane.add(jLabel_mark, null);
                jContentPane.add(jTextField_mark, null);
                jContentPane.add(jComboBox_, null);
                jContentPane.add(jLabel3, null);
                jContentPane.add(jComboBox_stuNo, null);
                jComboBox_stuNo.setBounds(new Rectangle(125, 12, 105, 30));
                this.setContentPane(jContentPane);
                jButton_ok.addActionListener(new btnListener());
                jButton_cancel.addActionListener(new btnListener());
    }
    public btnListener implements ActionListener{
        public void actionPerformed(ActionEvent e){
            if (e.getSource() == jButton_ok){
                int index0 = jComboBox_stuNo.getSelectedIndex();
                int index1 = jComboBox_.getSelectedIndex();
                String Type0 = (String) jComboBox_stuNo.getItemAt(index0);
                String Type1 = (String) jComboBox_.getItemAt(index1);
                String sql0 = "select * from C where StuNo = " + Type0 + "
and Cno = " + Type1 + "";
                String sql1 = "Insert Into C(StuNo,Cno,Mark) Values ('" +
Type0 + "','" + Type1 + "','" + jTextField_mark.getText().trim() + "')";
                DBOperation dbo = new DBOperation();
                ResultSet rs = dbo.Query(sql0);
                try {
                    if (rs.next()){
                        JOptionPane.showMessageDialog(null,"", "",
JOptionPane.ERROR_MESSAGE);
                    }
                    else{
                        dbo.TheAll(sql1);
                        LogRecord lo = new LogRecord();
                        lo.addLog( Login.storeUserName + " () " + Type0 + "");
                        JOptionPane.showMessageDialog(null, "", "",
JOptionPane.INFORMATION_MESSAGE);
                    }
                } catch (HeadlessException e1) {
```

```java
                } catch (SQLException e1) {
                }
            } else if (e.getSource() == jButton_cancel){
                dispose();
            }
        }
    }
}
package com.yigou.frame;
import javax.BorderFactory;
import javax.JDialog;
import javax.JOptionPane;
import javax.JPanel;
import java.awt.Rectangle;
import java.awt.event.ActionEvent;
import java.awt.event.ActionListener;
import javax.JButton;
import javax.JScrollPane;
import javax.JTable;
import javax.event.ListSelectionEvent;
import javax.event.ListSelectionListener;
import javax.table.DefaultTableModel;
import javax.JLabel;
import javax.JComboBox;
import javax.JTextField;
import java.sql.ResultSet;
import javax.SystemIcon;
import com.yigou.util.DBOperation;
import com.yigou.util.LogRecord;
import java.awt.Dimension;
public CInformation extends JDialog {
    private static final long serialVersionUID = 1L;
    private JPanel jContentPane = null;
    private JScrollPane jScrollPane = null;
    private JTable jTable = null;
    private JButton jButton_Delete = null;
    private JButton jButton_Modify = null;
    private JLabel jLabel_Row = null;
    public int total;
    private JTextField jTextField_ = null;
    private JTextField jTextField_Mark = null;
    private JTextField jTextField_ = null;
    private JLabel jLabel = null;
```

```java
private JLabel jLabel1 = null;
private JLabel jLabel2 = null;
private JLabel jLabel3 = null;
private JComboBox jComboBox = null;
private JTextField jTextField_Query = null;
private JButton jButton = null;
public void totalRow(int xxx) {
    this.total = xxx;
}
public CInformation() {
    super();
    initialize();
    jButton.addActionListener(new btnListener());
    jButton_Delete.addActionListener(new btnListener());
    jButton_Modify.addActionListener(new btnListener());
    jButton.addActionListener(new btnListener());
    jTable.getSelectionModel()
            .addListSelectionListener(new tableListener());
}
private void initialize() {
    this.setDefaultCloseOperation(DISPOSE_ON_CLOSE);
    this.setSize(454, 363);
    this.setContentPane(getJContentPane());
    this.setTitle("");
    this.setLocationRelativeTo(null);
    Search();
    this.setModal(true);
    this.setLocationRelativeTo(null);
}
private JPanel getJContentPane() {
    if (jContentPane == null) {
        jLabel3 = new JLabel();
        jLabel3.setBounds(new Rectangle(22, 22, 81, 24));
        jLabel3.setText("");
        jLabel2 = new JLabel();
        jLabel2.setBounds(new Rectangle(297, 266, 72, 25));
        jLabel2.setText("");
        jLabel1 = new JLabel();
        jLabel1.setBounds(new Rectangle(165, 266, 65, 25));
        jLabel1.setText("");
        jLabel = new JLabel();
        jLabel.setBounds(new Rectangle(20, 266, 68, 25));
        jLabel.setText("");
```

```java
            jContentPane = new JPanel();
            jContentPane.setLayout(null);
            jContentPane.setBorder(BorderFactory.createTitledBorder(""));
            jContentPane.add(getJScrollPane1(), null);
            jContentPane.add(getJButton_Delete(), null);
            jContentPane.add(getJButton_Modify(), null);
            jContentPane.add(getJLabel_Row(), null);
            jContentPane.add(getJTextField_(), null);
            jContentPane.add(getJTextField_Mark(), null);
            jContentPane.add(getJTextField_(), null);
            jContentPane.add(jLabel, null);
            jContentPane.add(jLabel1, null);
            jContentPane.add(jLabel2, null);
            jContentPane.add(jLabel3, null);
            jContentPane.add(getJComboBox(), null);
            jContentPane.add(getJTextField_Query(), null);
            jContentPane.add(getJButton(), null);
        }
        return jContentPane;
    }
    private JScrollPane getJScrollPane1() {
        if (jScrollPane == null) {
            jScrollPane = new JScrollPane();
            jScrollPane.setBounds(new Rectangle(20, 60, 410, 200));
            jScrollPane.setViewportView(getJTable());
        }
        return jScrollPane;
    }
    private JTable getJTable() {
        if (jTable == null) {
            jTable = new JTable();
        }
        return jTable;
    }
    public void Search() {
        try {
            DBOperation dbo = new DBOperation();
            DefaultTableModel model = new DefaultTableModel();
            int i = dbo.getTotalRow("select * from C");
            model.setRowCount(i);
            model.addColumn("");
            model.addColumn("");
            model.addColumn("");
```

```java
            int a;
            ResultSet rs = dbo.Query("select * from C order by StuNo");
            for (a = 0; rs.next(); a++) {
                model.setValueAt(rs.getString("StuNo"), a, 0);
                model.setValueAt(rs.getString("Cno"), a, 1);
                model.setValueAt(rs.getString("Mark"), a, 2);
            }
            totalRow(a);
            jLabel_Row.setText("" + total + "");
            jLabel_Row.repaint();
            jTable.setModel(model);
            dbo.CloseAll();
        } catch (Exception e) {
        }
    }
    private JButton getJButton_Delete() {
        if (jButton_Delete == null) {
            jButton_Delete = new JButton();
            jButton_Delete.setText("");
            jButton_Delete.setBounds(new Rectangle(20, 297, 77, 26));
        }
        return jButton_Delete;
    }
    private JButton getJButton_Modify() {
        if (jButton_Modify == null) {
            jButton_Modify = new JButton();
            jButton_Modify.setText(" ");
            jButton_Modify.setBounds(new Rectangle(124, 297, 77, 26));
        }
        return jButton_Modify;
    }
    private JLabel getJLabel_Row() {
        if (jLabel_Row == null) {
            jLabel_Row = new JLabel();
            jLabel_Row.setBounds(new Rectangle(315, 297, 114, 26));
        }
        return jLabel_Row;
    }
    private JTextField getJTextField_() {
        if (jTextField_ == null) {
            jTextField_ = new JTextField();
            jTextField_.setEditable(false);
            jTextField_.setBounds(new Rectangle(98, 265, 62, 25));
```

```java
            }
            return jTextField_;
        }
        private JTextField getJTextField_Mark() {
            if (jTextField_Mark == null) {
                jTextField_Mark = new JTextField();
                jTextField_Mark.setBounds(new Rectangle(373, 266, 57, 25));
            }
            return jTextField_Mark;
        }
        public btnListener implements ActionListener {
            public void actionPerformed(ActionEvent e) {
                if(e.getSource() == jButton_Delete){
                    if (jTable.getSelectedRow() != -1) {
                        String str = jTable.getValueAt(jTable.getSelectedRow(), 0)
                                .toString();
                        String str1 = jTable.getValueAt(jTable.getSelectedRow(), 1)
                                .toString();
                        String sql = "";
                        DBOperation dbo = new DBOperation();
                        dbo.TheAll(sql);
                        LogRecord lo = new LogRecord();
                        lo.addLog(Login.storeUserName);
                        try {
                            DefaultTableModel model = new DefaultTableModel();
                            int i = dbo.getTotalRow("select * from C");
                            model.setRowCount(i - 1);
                            model.addColumn("");
                            model.addColumn("");
                            model.addColumn("");
                            ResultSet rs = dbo
                                    .Query("");
                            int a;
                            for (a = 0; rs.next(); a++) {
                                model.setValueAt(rs.getString("StuNo"), a, 0);
                                model.setValueAt(rs.getString("Cno"), a, 1);
                                model.setValueAt(rs.getString("Mark"), a, 2);
                            }
                            totalRow(a);
                            jLabel_Row.setText("" + total + "");
                            jTable.setModel(model);
                        } catch (Exception ex) {
```

```
                    }
                } else {
                    JOptionPane.showMessageDialog(null, "");
                }
            }else if(e.getSource() == jButton_Modify){
                if (jTable.getSelectedRow() != -1) {
                    String str = jTable.getValueAt(jTable.getSelectedRow
(), 0)
                            .toString();
                    String str1 = jTable.getValueAt(jTable.getSelectedRow
(), 1)
                            .toString();
                    String sql = " C set Mark = '" + jTextField_Mark.getText
() + "' where StuNo = " + str + " and Cno = " + str1 + "";
                    DBOperation dbo = new DBOperation();
                    dbo.TheAll(sql);
                    LogRecord lo = new LogRecord();
                    lo.addLog(Login.storeUserName + "" + str + "");
                    try {
                        DefaultTableModel model = new DefaultTableModel();
                        int i = dbo.getTotalRow("select * from C");
                        model.setRowCount(i);
                        model.addColumn("");
                        model.addColumn("");
                        model.addColumn("");
                        ResultSet rs1 = dbo.Query("");
                        int a;
                        for (a = 0; rs1.next(); a++) {
                            model.setValueAt(rs1.getString("StuNo"), a, 0);
                            model.setValueAt(rs1.getString("Cno"), a, 1);
                            model.setValueAt(rs1.getString("Mark"), a, 2);
                        }
                        totalRow(a);
                        jLabel_Row.setText("" + total + "");
                        jTable.setModel(model);
                        JOptionPane.showMessageDialog(null, "" + str + "" +
str1 + "");
                    } catch (Exception et) {}
                } else {
                    JOptionPane.showMessageDialog(null, "");
                }
            }else if(e.getSource() == jButton){
                LogRecord lo = new LogRecord();
```

```
            lo.addLog(Login.storeUserName + "");
            try {
                DefaultTableModel model = new DefaultTableModel();
                int index = getJComboBox().getSelectedIndex();
                String sql = null;
                if(index == 0){sql = "select * from C where StuNo = " +
jTextField_Query.getText().trim() + "";}
                else if(index == 1){sql = "select * from C where Cno =
" + jTextField_Query.getText().trim() + "";}
                else if(index == 2){sql = "select * from C where Mark =
" + jTextField_Query.getText().trim() + "";}
                DBOperation dbo = new DBOperation();
                int rows = dbo.getTotalRow(sql);
                model.setRowCount(rows);
                model.addColumn("");
                model.addColumn("");
                model.addColumn("");
                int a;
                ResultSet rs = dbo.Query(sql);
                for (a = 0; rs.next(); a++) {
                    model.setValueAt(rs.getString(""), a, 0);
                    model.setValueAt(rs.getString(""), a, 1);
                    model.setValueAt(rs.getString(""), a, 2);
                }
                totalRow(a);
                jLabel_Row.setText(total"");
                jTable.setModel(model);
                dbo.CloseAll();
            } catch (Exception er) {
            }
        }
    }
}
    public tableListener implements ListSelectionListener {
        public void valueChanged(ListSelectionEvent e) {
            if (jTable.getSelectedRow() != -1) {
                int rows = jTable.getSelectedRow();
                jTextField_.setText(jTable.getValueAt(rows, 0)
                        .toString());
                jTextField_.setText(jTable.getValueAt(rows, 1)
                        .toString());
                jTextField_Mark.setText(jTable.getValueAt(rows, 2).
toString());
```

```java
                }
            }
        }
        private JTextField getJTextField_() {
            if (jTextField_ == null) {
                jTextField_ = new JTextField();
                jTextField_.setEditable(false);
                jTextField_.setBounds(new Rectangle(234, 266, 53, 25));
            }
            return jTextField_;
        }
        private JComboBox getJComboBox() {
            if (jComboBox == null) {
                jComboBox = new JComboBox();
                jComboBox.addItem("");
                jComboBox.addItem("");
                jComboBox.addItem("");
                jComboBox.setBounds(new Rectangle(146, 22, 81, 24));
            }
            return jComboBox;
        }
        private JTextField getJTextField_Query() {
            if (jTextField_Query == null) {
                jTextField_Query = new JTextField();
                jTextField_Query.setBounds(new Rectangle(255, 22, 81, 24));
            }
            return jTextField_Query;
        }
        private JButton getJButton() {
            if (jButton == null) {
                jButton = new JButton();
                jButton.setBounds(new Rectangle(352, 22, 77, 26));
                jButton.setText("");
            }
            return jButton;
        }
    }
}
package com.yigou.frame;
import java.awt.BorderLayout;
import java.awt.Color;
import java.awt.Point;
import java.awt.Rectangle;
import java.awt.Toolkit;
```

```java
import javax.BorderFactory;
import javax.SystemIcon;
import javax.JComboBox;
import javax.JDialog;
import javax.JFormattedTextField;
import javax.JFrame;
import javax.JOptionPane;
import javax.JPanel;
import javax.JTextArea;
import javax.JTextField;
import javax.JToolBar;
import java.awt.event.ActionEvent;
import java.awt.event.ActionListener;
import java.sql.ResultSet;
import java.sql.SQLException;
import java.text.DateFormat;
import java.text.SimpleDateFormat;
import java.util.Date;
import javax.JButton;
import javax.JScrollPane;
import javax.JTable;
import javax.table.DefaultTableModel;
import javax.table.TableRowSorter;
import javax.JLabel;
import com.yigou.util.DBOperation;
import com.yigou.util.DateChooser;
import com.yigou.util.LogRecord;
import java.awt.event.KeyEvent;
import java.awt.Dimension;
public Manage extends JDialog {
    private static final long serialVersionUID = 1L;
    private JPanel jContentPane = null;
    private JToolBar jJToolBarBar = null;
    private JButton jButton_Add = null;
    private JButton jButton_Query = null;
    private JButton jButton_Delete = null;
    private JScrollPane jScrollPane = null;
    private JTable jTable = null;
    private JButton jButton_ShowAll = null;
    private JLabel jLabel_Row = null;
    DefaultTableModel model = new DefaultTableModel();
    public Manage() {
        super();
```

```java
        initialize();
    }
    private void initialize() {
        this.setDefaultCloseOperation(DISPOSE_ON_CLOSE);
        this.setSize(687, 258);
        this.setTitle("");
        this.setLocationRelativeTo(null);
            jButton_Add = new JButton();
            jButton_Add.setText("");
            jButton_Query = new JButton();
            jButton_Query.setText("");
            jButton_Delete = new JButton();
            jButton_Delete.setText("");
            jButton_ShowAll = new JButton();
            jButton_ShowAll.setText("");
            jTable = new JTable();
            jScrollPane = new JScrollPane();
            jScrollPane.setViewportView(jTable);
            jLabel_Row = new JLabel();
            jLabel_Row.setSize(20, 20);
            jJToolBarBar = new JToolBar();
            jJToolBarBar.add(jButton_Add);
            jJToolBarBar.add(jButton_Query);
            jJToolBarBar.add(jButton_Delete);
            jJToolBarBar.add(jButton_ShowAll);
            jJToolBarBar.add(jLabel_Row);
                jContentPane = new JPanel();
                jContentPane.setLayout(new BorderLayout());
                jContentPane.setBorder(BorderFactory.createTitledBorder(""));
                jContentPane.add(jScrollPane, BorderLayout.CENTER);
                jContentPane.add(jJToolBarBar, BorderLayout.NORTH);
        this.setContentPane(jContentPane);
        showAll();
        btnListener btn = new btnListener();
        jButton_Add.addActionListener(btn);
        jButton_Query.addActionListener(btn);
        jButton_Delete.addActionListener(btn);
        jButton_ShowAll.addActionListener(btn);
    }
            public void showAll() {
                try {
                    DBOperation dbo = new DBOperation();
                    model = new DefaultTableModel();
```

```java
                int i = dbo.getTotalRow("select * from ");
                model.setRowCount(i);
                model.addColumn("");
                model.addColumn("");
                model.addColumn("");
                model.addColumn("");
                model.addColumn("");
                model.addColumn("");
                int counter;
                ResultSet rs = dbo.Query("");
                for (counter = 0; rs.next(); counter++) {
                    model.setValueAt(rs.getString(""), counter, 0);
                    model.setValueAt(rs.getString(""), counter, 1);
                    model.setValueAt(rs.getString(""), counter, 2);
                    model.setValueAt(rs.getString(""), counter, 3);
                    model.setValueAt(rs.getString(""), counter, 4);
                    model.setValueAt(rs.getString(""), counter, 5);
                }
                jLabel_Row.setText("" + counter
                        + "");
                jTable.setModel(model);
                jTable.setAutoCreateRowSorter(true);
                dbo.CloseAll();
            } catch (Exception e) {
            }
        }
    public btnListener implements ActionListener {
        public void actionPerformed(ActionEvent e) {
            if (e.getSource() == jButton_Add) {
                _Add sa = new _Add();
                sa.setVisible(true);
            }
            if (e.getSource() == jButton_Delete) {
                if (jTable.getSelectedRow() != -1) {
                    String str = jTable.getValueAt(jTable.getSelectedRow(), 0)
                            .toString();
                    String sql = "delete from where Cno = " + str
                            + "";
                    DBOperation dbo = new DBOperation();
                    dbo.TheAll(sql);
                    LogRecord lo = new LogRecord();
                    lo.addLog(Login.storeUserName + "" + str + "");
                    try {
```

```java
                            model = new DefaultTableModel();
                            int i = dbo.getTotalRow("select * from ");
                            model.setRowCount(i - 1);
                            model.addColumn("");
                            model.addColumn("");
                            model.addColumn("");
                            model.addColumn("");
                            model.addColumn("");
                            model.addColumn("");
                            ResultSet rs = dbo
                                    .Query("");
                            int counter;
                            for (counter = 0; rs.next(); counter++) {
                                model.setValueAt(rs.getString(""), counter, 0);
                                model.setValueAt(rs.getString(""), counter, 1);
                                model.setValueAt(rs.getString(""), counter, 2);
                                model.setValueAt(rs.getString(""), counter, 3);
                                model.setValueAt(rs.getString(""), counter, 4);
                                model.setValueAt(rs.getString(""), counter, 5);
                            }
                            jLabel_Row
                                    .setText(""
                                            + counter + "");
                            jTable.setModel(model);
                        } catch (Exception ex) {
                        }
                    } else {
                        JOptionPane.showMessageDialog(null, "");
                    }
                }
                if (e.getSource() == jButton_Query) {
                    String input = JOptionPane
                            .showInputDialog("");
                    LogRecord lo = new LogRecord();
                    lo.addLog(Login.storeUserName + "");
                    try {
                        DBOperation dbo = new DBOperation();
                        model = new DefaultTableModel();
                        int i = dbo
                                .getTotalRow("select * from where Cno = "
                                        + input + "");
                        model.setRowCount(i);
                        model.addColumn("");
```

```
                        model.addColumn("");
                        model.addColumn("");
                        model.addColumn("");
                        model.addColumn("");
                        model.addColumn("");
                        int counter;
                        ResultSet rs = dbo
                                .Query("select * from where Cno = "
                                        + input + " order by Cno");
                        for (counter = 0; rs.next(); counter++) {
                            model.setValueAt(rs.getString(""), counter, 0);
                            model.setValueAt(rs.getString(""), counter, 1);
                            model.setValueAt(rs.getString(""), counter, 2);
                            model.setValueAt(rs.getString(""), counter, 3);
                            model.setValueAt(rs.getString(""), counter, 4);
                            model.setValueAt(rs.getString(""), counter, 5);
                        }
                        jLabel_Row.setText(""
                                + counter + "");
                        jTable.setModel(model);
                        dbo.CloseAll();
                    } catch (Exception er) {
                    }
                }
                if (e.getSource() == jButton_ShowAll) {
                    LogRecord lo = new LogRecord();
                    lo.addLog(Login.storeUserName + "");
                    showAll();
                }
            }
        }
    _Add extends JDialog {
        private static final long serialVersionUID = 1L;
        private JPanel jContentPane = null;
        private JLabel jLabel = null;
        private JLabel jLabel1 = null;
        private JLabel jLabel2 = null;
        private JLabel jLabel_date = null;
        private JTextField jTextField = null;
        private JTextField jTextField1 = null;
        private JFormattedTextField jTextField_date = null;
        private JButton jButton = null;
        private JButton jButton1 = null;
```

```
        private JButton jButton_Choose = null;
        private JTextField jTextField2 = null;
        private JTextArea jTextArea = null;
        private JLabel jLabel4 = null;
        private JComboBox jComboBox = null;
        public _Add() {
            super();
            initialize();
        }
        private void initialize() {
            this.setSize(451, 261);
            this.setModal(true);
            this.setTitle("");
            this.setLocationRelativeTo(null);
            this.setIconSystem(Toolkit.getDefaultToolkit().getSystem(
                    get().getResource("")));
            jLabel4 = new JLabel();
            jLabel4.setBounds(new Rectangle(9, 92, 84, 25));
            jLabel4.setText("");
            jLabel2 = new JLabel();
            jLabel2.setBounds(new Rectangle(9, 131, 84, 25));
            jLabel2.setText("");
            jLabel1 = new JLabel();
            jLabel1.setBounds(new Rectangle(9, 52, 84, 25));
            jLabel1.setText("");
            jLabel = new JLabel();
            jLabel.setBounds(new Rectangle(9, 12, 84, 25));
            jLabel.setText("");
            jTextField = new JTextField();
            jTextField.setEditable(false);
            jTextField.setBounds(new Rectangle(97, 11, 134, 27));
            jTextField1 = new JTextField();
            jTextField1.setBounds(new Rectangle(97, 49, 134, 27));
            jButton = new JButton();
            jButton.setBounds(new Rectangle(144, 194, 77, 26));
                jLabel_date = new JLabel();
                jLabel_date.setBounds(new Rectangle(10, 165, 83, 25));
                jLabel_date.setText("");
                jTextField_date = new JFormattedTextField();
                jTextField_date.setBounds(new Rectangle(97, 163, 97, 27));
                Date date = new Date();
                String format = DateFormat.getDateInstance().format
(date);
```

```java
            jButton_Choose = new JButton();
            jButton_Choose.setBounds(new Rectangle(194, 164, 42, 25));
            jButton_Choose.setText("C");
        jButton.setText("");
        jButton1 = new JButton();
        jButton1.setBounds(new Rectangle(24, 196, 77, 26));
        jButton1.setText("");
        jTextField2 = new JTextField();
        jTextField2.setBounds(new Rectangle(97, 129, 135, 27));
        jTextArea = new JTextArea();
        jTextArea.setBorder(BorderFactory.createTitledBorder(""));
        jComboBox = new JComboBox();
        DBOperation dbo = new DBOperation();
        ResultSet rs = dbo.Query("");
        try {
            while (rs.next()) {
                jComboBox.addItem(rs.getString("TeachNo"));
            }
        } catch (SQLException e) {
            e.printStackTrace();
        }
        dbo.CloseAll();
        jComboBox.setBounds(new Rectangle(97, 84, 133, 27));
        jContentPane = new JPanel();
        this.setContentPane(jContentPane);
        init();
        btaListener bta = new btaListener();
        jButton.addActionListener(bta);
        jButton1.addActionListener(bta);
        jButton_Choose.addActionListener(bta);
    }
    private void init() {
        DBOperation dbo = new DBOperation();
        jTextField.setText(dbo.getMax("", "Cno"));
    }
    public btaListener implements ActionListener {
        public void actionPerformed(ActionEvent e) {
            if (e.getSource() == jButton_Choose){
                DateChooser mc = new DateChooser(jTextField_date);
                    Point p = jButton_Choose.getLocationOnScreen();
                    mc.showDateChooser(p);
                    jTextField_date.requestFocusInWindow();
            }
```

```java
                else if (e.getSource() == jButton1){
                    int index = jComboBox.getSelectedIndex();
                    String Type = (String) jComboBox.getItemAt(index);
                    String sql = "Insert Into (Cno,Cname,TeachNo,Credit,Cdisp,Cdate) Values('"
                            + jTextField.getText().trim()
                            + "','"
                            + jTextField1.getText().trim()
                            + "','"
                            + Type
                            + "','"
                            + jTextField2.getText().trim()
                            + "','"
                            + jTextArea.getText().trim()
                            + "','"
                            + jTextField_date.getText().trim() + "')";
                    DBOperation dbo = new DBOperation();
                    dbo.TheAll(sql);
                    LogRecord lo = new LogRecord();
                    lo.addLog(Login.storeUserName + ""
                            + jTextField.getText().trim() + "");
                    JOptionPane.showMessageDialog(null, "");
                    dbo.CloseAll();
                    showAll();
                    dispose();
                }else if (e.getSource() == jButton){
                    dispose();
                }
            }
        }
    }
```

参考文献

[1] Cannon D. Head in the clouds. Nature,2007,449.

[2] 宋晓梁,刘东生,许满武. 中间件及其在三层客户机/服务器模型中的应用[J]. 计算机应用,1999,19(7):35-38.

[3] 黄浩. 基于 Web Service 的异构数据集成[D]. 长沙:湖南大学,2009.

[4] Amit P S, James A. Lalgon. Federated database systems for managing distributed, heterogeneous, and autonomous database[J]. ACM Computing Surveys, V01. 22. No. 3, September 1990:183-190.

[5] Hasselbring W, Heuevl W J, Houben G J, et al. Research fan practice in federated information systems[R]. Report of the EFIS' 2000 International Workshop, June, 2000:1-3.

[6] Wiederhold G. Mediators in the architecture of future information systems[J]. IEEE Computer, 1992, 25(3): 38-49.

[7] 郭海燕. 异构数据库集成策略在教育资源中的应用研究[C]. 第六届教育技术国际论坛论文集,第六届教育技术国际论坛,2007.10.

[8] 高翔,王勇. 数据融合技术综述[J]. 计算机测量与控制,2002,10:706-709.

[9] Bill E, Kent S,Thiru T. XML 高级编程[M]. 北京:清华大学出版社,2009.2.

[10] Rajasekar K, Venkatesan T, Chakaravarthy R, etal. Recursive XML Schemas, recursive XML queries, and relational storage:XML-to-SQL query translation [C]. Proceedings of the 20th International Conference on Data Engineering. 2004.

[11] Michael M L. Oracle database 11g PL/SQL 程序设计[M]. 北京:清华大学出版社,2009.4.

[12] Ou Yang Zheng Zheng. Application of XML-based heterogeneous database data exchange middlew are in ecommerce[R]. An International Conference on Services Science, Management and Engineering. 2009.

[13] 刘安. 基于物化视图的查询及整合技术研究[D]. 长沙:国防科技大学,2010.11.

[14] 房立芳. 基于本体的异构数据集成与融合方法研究[D]. 合肥:中国科学技术大学,2010.

[15] 郑丽英,刘丽艳,王海涵. 一种多知识融合的获取模糊规则的集成方法[J]. 自动化与仪器仪表,2005,2:5-7.

[16] MaurizioLenzerini. Data Integration:A Theoretical Perspective[J]. Proceedings of the twenty-first ACM SIGMOD-SIGACT-SIGART symposium on Principles of database systems. 2002, 233-246.

[17] Alon Halevy, Anand Rajaraman, etal. Data Integration: The Teenage Years[C]. Proceedings of the 32nd international conference on very large data bases. 2006: 9-16.

[18] 陈跃国,王京春. 数据集成综述[J]. 计算机科学,2004,31(5): 48-51.

[19] J. Widom. Research problems in data warehousing[C]. Proceedings of the fourth international conference on Information and knowledge management, 1995, 25-30.

[20] Lu Tan, Neng Wang. Future Internet: The Internet Of Things[C]. 2010 3rd International Conference on Advanced computer Theory and Engineering(ICACTE). 2010:376-380.

[21] Li Mei, Jia Hongyu, ZHEN Ge. Research of a QPC-based heterogeneous database query method[C]. 2010 3rd International Conference on Advanced Computer Theory and Engineering(ICACTE), 2010. 8:20-22.

[22] 余银. 一种分布式异构数据集成处理方法的设计与实现[D]. 合肥:中国科学技术大学. 2008.

[23] R. J. Bayardo, Jr, W. Bohrer, R. Brice, etal. InfoSleuth: agent-based semantic integration of information in open and dynamic environments[J]. Proceedings of the 1997 ACM SIGMOD international conference on Management of data. 1997: 195-206.

[24] Alon Y. Halevy, Naveen Ashish, Dina Bitton, etal. Enterprise information integration: successes, challenges ang controversies[J]. Proceedings of the 2005 ACM SIGMOD international conference on Management of data. 2005: 778-787.

[25] 谢能付. 基于语义Web技术的知识融合和同步方法研究[D]. 合肥:中国科学院计算技术研究所,2006.

[26] 周津. 物联网环境下信息融合基础理论与关键技术研究[D]. 长春:吉林大学. 2014.

[27] 马华东,宋宇宁,于帅洋. 物联网体系结构模型与互联机理[J]. 中国科学:信息科学,2013,43(10):1183-1197.

[28] Messaoudi S, Messaoudi K, Dagtas S. Bayesian data fusion for smart environments with heterogenous sensors[J]. Journal of Computing Sciences in Colleges, 2010, 25(5):140-146.

[29] Zhu D, Gu W. Sensor fusion in integrated circuit fault diagnosis using a belief function model[J]. International Journal of Distributed Sensor Networks, 2008, 4(3):247-261.

[30] Pavlin G, Deoude P, Maris M, et al. A multi-agent systems approach to distributed bayesian information fusion[J]. Information fusion, 2010, 11(3):267-282.

[31] Zhang Y, Ji Q, Looney C G. Active information fusion for decision making under uncertainty. Proceedings of the Infromation Fusion, 2002 Proceedings of the Fifth International Conference on, 2002[C]. IEEE.

[32] Pavlin G, Nunnink J. Inference meta models: Towards robust information fusion with bayesian networks. proceeding of the Information Fusion, 2006 9th International Conference on, 2006[C]. IEEE.

[33] Dempster A. P. Upper and lower probabilities induced by a multivalued mapping [J]. The annals of mathematical statistics, 1967: 325-339.

[34] Shafer G. A mathematical theory ofevidence[M]. Princeton university press Princeton, 1976.

[35] Basir O, Yuan X. Engine fault diagnosis based on multi-sensor information fusion using Dempster-Shafer evidence theory[J]. Information Fusion, 2007, 8(4): 379-386.

[36] Al-Ani A, Deriche M. A new technique for combining multiple classifiers using the Dempster-Shafer theory of evidence[J]. arXiv preprint arXiv:11070018, 2011.

[37] Yager R. R., Kelman A. Fusion of fuzzy information with considerations for compatibility, partial aggregation, and reinforcement[J]. International journal of approximate reasoning, 1996, 15(2):93-122.

[38] Yager R. R., A general approach to the fusion of imprecise information[J]. International Journal of intelligent systems, 1997, 12(1):1-29.

[39] GrGoire E., Konieczny S. Logic-based approaches to information fusion[J]. Information Fusion, 2006, 7(1):4-18.

[40] Nilsson M. Characterising user interaction to inform information-fusion-driven decision support; procedings of the Proceedings of the 15th European conference on Cognitive ergonomics: the ergonomics of cool interaction, 2008[C]. ACM.

[41] Dubois D, Prade H. Possibility theory and data fusion in proorly informed environments[J]. Control Engineering Practice, 1994, 2(5):811-23.

[42] 史忠植. 知识发现[M]. 北京: 清华大学出版社, 2000.

[43] Fincher D. W., Mix D. F. Multi-sensor data fusion using neural networks, Proceedings of the systems, Man and Cybernetics, 1990 Conference Proceedings, IEEE International Conference on, 1990[C]. IEEE.

[44] Hong-Bin Z. Multi-sensor information fusion method based on the neural network algorithm, proceedings of the natural computation, 2009 ICNC'09 Fifth International Conference on, 2009[C]. IEEE.

[45] Waske B, Benediktsson J. A. Fusion of support vector machines for classification of multisensor data[J]. Geoscience and Remote Sensing, IEEE Transactions on, 2007, 45(12):3858-3866.

[46] Ferrer L, S Nmez K, Shriberg E. An ticorrelation kernal for subsystem training in multiple classifier systems[J]. The Journal of Machine Learning Research, 2009, 10:2079-2114.

[47] Dos Santos E. M., Sabourin R., Maupin P. Overfitting cautious selection of

classifier ensembles with genetic algorithm[J]. Information Fusion,2009,10(2):150-162.

[48] 王国胤. 粗糙集理论与知识获取[M]. 西安：西安交通大学出版社,2001.

[49] 陈铁军. 信息融合系统中态势估计技术研究及系统实现[D]. 长沙:湖南大学,2013.

[50] 李玉榕. 信息融合与智能处理的研究[D]. 杭州：浙江大学,2001.

[51] 王晓帆. 信息融合中的态势评估技术研究[D]. 西安：西安电子科技大学,2012.

[52] Berners-Lee T,Hendler J.,Lassila O. The Semantic web[J]. Scientific american,2001,284(5):28-37.

[53] Berners-Lee T.,Bizer C.,Heath T. Linked data-the story so far[J]. International Journal on Semantic Web and Information Systems,2009,5(3):1-22.

[54] Oren E.,Kotoulas S.,Anadiotis G.,etal. Marvin:Distributed reasoning over large-scale Semantic Web data[J]. Web Semantic:Science,Services and Agents on the World Wide Web,2009,7(4):305-316.

[55] Nakamura E. F.,Loureiro A. A. Information fusion in wireless sensor networks. proceedings of the proceeding of the 2008 ACM SIGMOD international conference on management of data,2008[C]. ACM.

[56] Nakamura E. F.,Loureiro A. A.,Frery A. C. Information fusion for wireless sensor networks:Methods,models,and classifications[J]. ACM Computing Surveys(CSUR),2007,39(3):9.

[57] Barnaghi P.,Wang W.,Henson C.,etal. Semantics for the Internet of Things:early progress and back to the future[J]. International Journal on Semantic Web and Information Systems(IJSWIS),2012,8(1):1-21.

[58] Jara A. J.,Olivieri A. C.,Bocchi Y.,etal. Semantic Web of Things:an analysis of the application semantics for the IoT moving towards the IoT convergence[J]. International Journal of Web and Grid Services,2014,10(2):244-272.

[59] Mathew S. S.,Atif Y.,Sheng Q. Z.,etal. Building sustainable parking lots with the web of Things[J]. Personal and ubiquitous computing,2014,18(4):895-907.

[60] Ishaq I.,Hoebeke J.,Rossey J.,etal. Enabling the web of things:facilitating deployment,discovery and resource access to IoT objects using embedded web services[J]. International Journal of Web and Grid Services,2014,10(2):218-243.

[61] Mathew S. S.,Atif Y.,Sheng Q. Z.,etal. Building sustainable parking lots with the Web of Things[J]. Personal and ubiquitous computing,2014,18(4):895-907.

[62] Compton M.,Barnaghi P.,Bermudez L.,etal. the SSN ontology of the W3C semantic sensor network incubator group[J]. Web Semantics:Science,Service and Agents on the World Wide Web,2012,17:25-32.

[63] Henson C.,Sheth A,Thirunarayan K. Semantic perception:Converting sensory

observations to abstractions[J]. Internet Computing, IEEE, 2012, 16(2):16-34.

[64] Patni H., Henson C., Sheth A. Linked sensor data. proceedings of the Collaborative Technologies and Systems(CTS), 2010 International Symposium on, 2010[C]. IEEE.

[65] Rinne M., Rorma R., Nuutila E. SPARQL-Based Applications for RDF-Encoded Sensor Data. Proceedings of Semantic Sensor Networks, 2012 5th International Workshop on, 2012[C]. CEUR-WS.

[66] Joshi A. K., Jain P., Hitzler P., etal. Alignment-based querying of linked open data[M]. On the Move to Meaningful Internet Systems: OTM 2012. Springer. 2012: 807-824.

[67] Neches R., Fikes R. E., Gruber T. R., etal. Enabling Technology for Knowledge Shar-ing[J]. AI Magazine, 1991, 12(56):80-91.

[68] Gruber T. R. A Translation Approach to Portable Ontology Specifications[J]. Knowledge Acquisition, 1993,(5):199.

[69] Borst W. N. Construction of Engineering Ontologies for Knowledge Sharing and Reuse[J]. PhD thesis. University Twente, Enschede, 1997:67-72.

[70] Lin C., Wu G., Xia F., etal. Energy efficient at colony algorithms for data aggregation in wireless sensornetworks[J]. Journal of Computer and System Sciences, 2012, 78(6): 1686-1702.

[71] He S., Chen J., Yau D. K., etal. Cross-layer optimization of correlated data gathering in wireless sensor networks[J]. Mobile Computing, IEEE Transactions on, 2012, 11(11):1678-1691.

[72] Henson C.,Sheth A., Thirunarayan K. Semantic perception:Converting sensory observations to abstractions[J]. Internet Computing, IEEE, 2012, 16(2):26-34.

[73] Patni H., Henson C., Sheth A. Linked sensor data: proceedings of the Collaborative Technologies and Systems(CTS), 2010 International Symposium on, 2010[C]. IEEE.

[74] Berners-Lee T.,Bizer C., Heath T. Linked data-the story so far[J]. International Journal on Semantic Web and Information Systems, 2009, 5(3):1-22.

[75] Oren E., Kotoulas S., Anadiotis G., etal. Marvin:Distributed reasoning over large-scale Semantic Web data[J]. Web Sematics: Science, Services and Agents on the World Wide Web, 2009, 7(4):305-316.

[76] Botts M., Percivall G., Reed C., etal. OGC sensor web enablement: Overview and high level architecture[M]. GeoSensor networks. Springer. 2008:175-190.

[77] Compton M, Barnaghi P., Bermudez L., etal. The SSN ontology of the W3C semantic sensor network incubator group[J]. Web Semantics:Science, Services and Agents on the World Wide Web, 2012, 17:25-32.

[78] Rinne M., Torma R., Nuutila E., Nuutila E. SPARQL-Based Applications for

RDF-Encoded Sensor Data. Proceedings of Semantic Sensor N... International Workshop on, 2012[C]. CEUR-WS.

[79] Moodley D., Tapamo J-R. A Semantic Infrastructure for a Knowledge ... Sensor Web; proceedings of Semantic Sensor Networks 2011 (SSN11), the 4... International Workshop on, 2011[C]. CEUR-WS.

[80] 王慧斌,王建颖. 信息系统集成与融合技术及其应用[M]. 北京:国防工业出版社,2006.

[81] 猴锦. 知识融合中若干关键技术研究[D]. 杭州:浙江大学计算机科学与技术学院,2005.

[82] Anthony Hunter, Weiru Liu. Fusion rules for merging uncertain information[J]. Information fusion, 2006, vol. 7:97-134.

[83] A. Bordes, N. Usunier, A. Garcia-Duran, J. Weston, O. Yakhnenko. Translating embeddings for modeling multi-relational data[J]. Advances in Neural Information Processing Systems, Cambridge, MA:MIT Press, 2013, pp:2787-2795.

[84] T. Mikolov, I. Sutskever, K. Chen, G. Corrado, J. Dean. Distributed representaions of words and phrases and their compositionality[J]. Proc of NIPS. Cambridge, MA:MIT Press, 2013,pp:3111-3119.

[85] T. Mikolov, K. Chen, G. Corrado, J. Dean. Efficient estimation of word representations in vector space[J]. Computer Science, 2013,9(7):1-12.

[86] R. Collobert, J. Weston. L. Bottou, M. Karien, K. Kavukcuoglu, P. Kuksa. Natural language processing (almost) from scratch[J]. JMLR, 2011, 12(2):2493-2537.

[87] 罗顿. 云计算架构:解决方案设计手册[M]. 北京:机械工业出版社,2012.

[88] 徐立冰. 云计算和大数据时代网络技术揭秘[M]. 北京:人民邮电出版社,2013.

[89] 姜茸. 云计算安全风险度量评估与管理[M]. 北京:科学出版社,2017.

[90] 何森. 云计算基础架构平台构建与应用[M]. 北京:高等教育出版社,2017.

[91] 沈建国. OpenStack 云计算基础架构平台技术[M]. 北京:人民邮电出版社,2017.

[92] 张长华. 云计算技术项目教程[M]. 北京:知识产权出版社,2016.

[93] Thomas. 云计算:概念、技术与架构[M]. 北京:机械工业出版社,2014.

[94] 张小斌. OpenStack 企业云平台架构与实践[M]. 北京:电子工业出版社,2015.

[95] 马献章. 数据库云平台理论与实践[M]. 北京:清华大学出版社,2016.

[96] 陆平. 云计算基础架构及关键[M]. 北京:机械工业出版社,2016.

[97] 杨文志. 云计算技术指南[M]. 北京:化学工业出版社,2010.